\ 不失敗！/

真正超基本的

烘焙書

韓國評價最高料理雜誌

《Super Recipe》月刊誌 ／著

suncolor
三采文化

給新手的**真正超基本烘焙書**

「真正超基本」的開始

　　基礎料理書可謂琳瑯滿目，就連在網路上也能搜尋到一大堆的簡單食譜。但儘管如此，《Super Recipe》月刊誌的讀者仍不斷地表示他們要的不只是「簡單的」食譜，而是「真正基本的」食譜。並且還特意叮嚀，這本基礎食譜的內容也要像《Super Recipe》月刊誌一樣步驟詳盡，務求讓剛從媽媽身旁獨立的菜鳥也能成功跟著做。

　　因此，我們募集了 100 位自稱「超級菜鳥」的讀者進行調查，並根據調查結果出版了《道地韓國媽媽家常菜 360 道》，結果一出刊就登上銷售寶座，獲得空前迴響，至今仍持續熱

銷，早已成為初學韓國料理的入門指南。

烘焙也需要「真正超基本」的專書！

　　《道地韓國媽媽家常菜 360 道》出版後，讀者線上論壇也出現希望出版基礎家庭烘焙指南的聲音。他們需要一本書，可以不上烹飪學校，在家就能簡單跟著食譜做出給家人吃的點心，或送給朋友的禮物。這本食譜不用昂貴的材料，也不要求各式各樣的烘焙工具，並對基本烘焙要有著清楚明確的說明。

　　因此我們一如上一本書的準備過程，在讀者之間進行調查。詢問了讀者想做烘焙的理由、家中使用的烤箱種類、對烘焙部落格及現有烘

焙書的滿意度，認為「真正超基礎」的烘焙指南必須包含的內容……等各種意見。這次的調查對我們有很大的幫助，也再次透過文字向各位參與調查的讀者說聲：「非常謝謝您」！

《不失敗！真正超基本的烘焙書》誕生

本書的食譜萬中選一，我們挑選出的甜點都是不會退流行的基本款。另外由於是家庭烘焙，我們用了最少量的砂糖和奶油，並且大幅增加堅果、果乾、蔬菜的分量。每份料理都附有仔細的說明和照片，即便是從未接觸過烘焙的新手，也能馬上跟著做。

最後考慮到專家和讀者間的落差，我們還接受 101 位烘焙新手的食譜檢驗，進行實作測試。這本由專家團隊編撰的烘焙書，內容共囊括了 111 道食譜，有按照麵糊型態分類的小餅乾、按照烤模形狀而不同的瑪芬和磅蛋糕、可變換多種內餡的塔和派料理、還有讀者們最想試做的蛋糕跟麵包。除此之外，這本書對工具、材料、用語、技巧等基本理論和資訊也有非常詳盡的說明。

食譜售後服務

如果出現說明不夠清楚的地方，或是操作過程中有任何疑難雜症，隨時都可以到讀者線上論壇 Q&A 發問，開發這本食譜的實作人員將細心為您解答。由食譜開發公司出版的書，果然特別可靠吧！身為總編輯，我衷心希望這本書能讓過去覺得烘焙就是困難又麻煩的人改變想法，體會烘焙的樂趣和成就感。如同《道地韓國媽媽家常菜360道》一樣，也請您多多支持愛護《不失敗！真正超基本的烘焙書》，謝謝大家。

《Super Recipe》月刊誌

總編輯 朴成珠

目 錄
CONTENTS

為烘焙新手
打造的基礎指南

1+2！
學會基本作法，
延伸變化出 3 種
餅乾！

Chapter 01
基礎指南

Chaper 02
餅乾

舀的餅乾

擠的餅乾

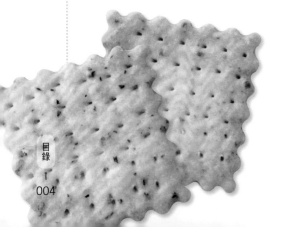

Chapter 03
瑪芬 & 磅蛋糕

只要一種麵糊，
就能完成適合
送禮的 10 種
瑪芬 & 磅蛋糕

麵包店最夯的
12 款麵包，
自己在家動手做！

Chapter 06
麵包

只要學會內餡
變化，就能做出
10 道咖啡廳
人氣塔 & 派

Chapter 04
塔 & 派

烘焙新手
最想學的
12 道
蛋糕料理

Chapter 05
蛋糕

本書使用說明

書中收錄的所有食譜，都是按以下方式編排。

各位讀者在開始前，先確認每個要素分別擔任什麼角色。

★本書所有的食譜都是家庭用烤箱（43L）分成 1~2 次可烤完的分量。

1 有關食譜

本書挑選了可用平易材料和簡單工具製作的食譜，以及食譜的基本資訊和由來，事先了解，用處良多。挑選菜單時可做為參考，會有很大的幫助。

2 清楚的資訊

說明每道食譜的分量和調理時間、烤箱溫度、保存方法及賞味期限。調理時間不計入靜置、醃製、成品定型的時間。

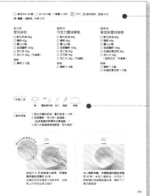

3 準備工具和材料

烘焙時需要的工具以圖示標示，一目瞭然。此外有關過篩、搗碎等的零失敗手法，會在「事前準備」區塊為大家介紹。

6 烤箱預熱圖示 預熱烤箱

過程中，我們在需要預熱烤箱的時間點，標示了烤箱預熱圖示。不過請注意，根據烤箱的不同，實際的預熱時間可能有些出入。★烤箱預熱的時間差異，請見 p13 的說明。

4 用放大鏡看清細節

麵糊的攪拌程度、奶油的打發狀態、製作方法等，需要清楚確認的過程，我們在放大鏡區塊仔細為您說明。您可以一邊比對照片的麵糊狀態，一邊製作。

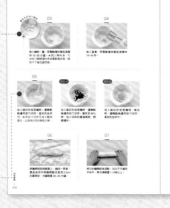
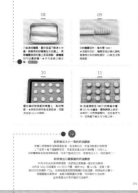

5 詳細的流程圖

收錄了實際製作的流程照片、詳細的說明和小訣竅，讓第一次動手做烘焙的新手也能成功跟著做。另外，小餅乾單元的食譜應用變化部分，也一起收錄了流程照片，需要應用變化時可做為參考。

7 小技巧和調理法指南

為了提高食譜的活用度，我們將材料的替代選項、麵糊的簡易製作方法、冷凍保管等內容，都做了詳細的說明。此外，為了將食譜的活用度發揮至 200%，我們也收錄了各種應用資訊。

BASIC
GUIDE

為烘焙新手打造的基礎指南

第一次做烘焙的新手，面對陌生的工具和材料總有許多疑問，這些疑問我們將在基礎指南中全部為您解開。不管是掌握烤箱的方法、工具的管理，或是材料的特徵和保存法、知道後用處多多的基本技巧，還有麵糊、奶油的相關資訊等，都有很詳盡的整理。另外，過去讀者們在烘焙過程中出現的疑問，在這裡也都做了詳細的回答。開始烘焙前，請務必熟讀。

烘焙前一定要懂的事

開始烘焙前，有 5 個一定要知道的原則。包括精確的計量、處理材料的方法、
預熱烤箱、材料保存法等，這些事情雖然看起來微不足道，但一定要確實遵守
以下 5 個原則，才能做到零失敗。

1 用計量工具精確測量

有句話說，烘焙就是科學，正代表著烘焙時所有的材料都必須講求精
確，才能成功做出好吃的餅乾、蛋糕和麵包。因此做烘焙時，請活用
計量工具精確地測量至準量，並按照說明依序進行。

2 事先計量與備料

烘焙材料受到外在溫度及作業時間很大的影響。舉例來說，打蛋打到
一半放著不管，就算時間不長，也容易讓打好的泡泡消掉。所以為了
能順暢地接續每個動作，請在烘焙前事先將計量、過篩、搗碎、融化
等作業完成。

3 提前 10~20 分鐘預熱烤箱

烤箱內達到設定溫度的預設時間約需 10~20 分鐘。需要在 180℃ 環
境中烘烤的蛋糕，如果因為預熱時間不夠，導致烤箱溫度只有 100℃
時，會造成蛋糕不夠蓬鬆，發到一半就凹陷下去。因此務必在烘烤前
10~20 分鐘，將烤箱進行預熱，烘烤的溫度才正確。

4 請勿隨意更換主材料

烘焙中，每項料理都有相互作用，不僅影響成品味道，還決定了口
感、狀態、質地等。正是因為這樣，隨意更換像砂糖、奶油、麵粉這
類的主材料，或是像膨鬆劑、凝固劑這種角色分明的材料，都會提高
失敗的可能性。在完全掌握烘焙之前，請遵照食譜指示的材料和分量
使用。

5 成品的保存很重要

烘焙中常用的奶油、砂糖、麵粉、堅果類有吸收味道的特性。因此若
是未妥善保存，很容易就會沾染周圍的味道，進而影響食物的味道和
香氣。所以保存時一定要妥善密封，並裝在不會沾染其他味道的密封
容器中。

零失敗計量法

烘焙中最重要的莫過於正確的測量。小分量的液體、粉類材料，請用計量匙，大分量的粉類、堅果類、水果乾等材料，則用電子秤計量。計量 50ml 以上的液體，請用計量杯。

計量匙
粉類材料裝滿平匙（不壓），液態材料裝滿，但不滿出。

量杯
把杯子放在平整的地方後再倒入液體。確認刻度時，視線和量杯呈同一水平。

電子秤
打開電源，上方放計量碗（容器）。按下歸零按鍵使重量顯示為 0 後，才可放入材料秤重。

基本材料計量表

	1 小匙＝ 5ml	1 大匙＝ 15ml	1 杯＝ 200ml
麵粉	3g	9g	110g
玉米粉	2g	8g	130g
砂糖、鹽	4g	13g	150g
糖粉	3g	11g	120g
奶油	4g	13g	170g
食用油	4g	12g	190g
牛奶	4g	14g	180g
鮮奶油	6g	17g	225g
優格	6g	17g	230g
泡打粉	4g	12g	150g
蘇打粉	3g	10g	140g
杏仁粉	2g	7g	80g
可可粉	2g	10g	120g
帕瑪森起司粉	3g	8g	120g
速發乾酵母	5g	15g	200g
蘭姆酒、橘子酒	5g	15g	200g
巧克力豆	4g	12g	150g
搗碎的核桃、胡桃	3g	10g	100g
蔓越莓乾、藍莓乾	3g	10g	135g
餡料	10g	30g	400g
全蛋 1 顆（去殼）	50~55g		4 顆
蛋黃 1 顆	19~20g		8~9 顆
蛋白 1 顆	25~30g		7~8 顆

★ 同樣是 1 小匙，材料根據體積和質量的不同，重量（g）會有些微差異，因此測量時請見上表。量杯分成 200ml 和 250ml 兩種，本書使用的量杯大小 1 杯＝ 200ml。

完美掌握烤箱

烘焙時確實掌握烤箱的特性和正確的使用非常重要。不只不同種類、功能、大小的烤箱烤出的成品有差別，就連種類相同的烤箱，溫度也有些許差異。因此正式開始前，請先了解烤箱的種類、特徵、確認溫度的方法和用法，掌握住自家烤箱的最佳用法。

挑選 & 清潔烤箱

挑選
購買烤箱時要考慮到廚房的大小、每次做麵包和餅乾的分量，以及常做的菜單等。烘烤餅乾、瑪芬、蛋塔、派類需用到 20L 左右的烤箱，而蛋糕、磅蛋糕等體積和高度大的成品，則應使用 30L 以上的烤箱。此外，最好有獨立的上下火，有對流功能就更方便了。

★對流功能（Convention）：烤箱內部配有風扇，能使熱循環對流的功能。

清潔
烤箱購入後要經常擦洗、保養，才能長久使用。如果是烤箱表面沾到麵糊，可等烤箱完全冷卻後再用濕抹布擦拭。清潔烤箱內部時，則應先掃去殘留的碎屑，趁烤箱還殘留一些溫度時，噴撒少許的小蘇打，再用濕抹布擦乾淨。

烤箱的種類

電烤箱
尺寸繁多，從迷你烤箱到大烤箱都有。也有上下火調節功能、對流功能、發酵功能等專為烘焙設計的產品。

多用途烤箱
兼具烤箱、燒烤、微波爐、蒸氣功能，不只可以烘焙，還能進行一般料理。大部分多用途烤箱的熱管在上面，所以上火較強。

瓦斯烤箱
一次烘烤的量大時，用瓦斯烤箱比較方便。大部分的瓦斯烤箱熱管在下面，所以下火較強。

小烤箱
尺寸迷你，高度低，只能用來烤烘焙時間短的料理或少量的餅乾。

圖示烤箱功能和特性

 只有上火的烤箱 只有上方有熱管，正面比下面更快烤熟，所以烘烤時先把烤盤放在中間層，待正面顏色變深後再移到下層。烤蛋糕等高度較高的糕點時，等正面顏色變深之後，應包覆鐵氟龍布（或鋁箔紙）再繼續烤。★鐵氟龍布：耐熱佳，表面經過處理的烘焙紙（工具說明請見 p22）。

 只有下火的烤箱 只有下方有熱管，下面比正面更快烤熟。烘焙時可先在中間層烤過後移到上層，或是直接墊兩個烤盤。

 具蒸氣功能的烤箱 噴射高溫蒸汽，可防止糕點表面乾燥，適合用來烤帶水分的糕點。烘烤時間長時，建議和對流功能一起使用。

 具對流功能的烤箱 內部配有風扇，能使熱對流，上下都能均勻烤熟。不過長時間烘烤時，可能導致表面乾燥，建議關閉對流功能或和蒸氣功能一起使用。

 體積小的迷你烤箱 使用這類烤箱烤有高度的瑪芬、磅蛋糕或蛋糕時，可能會使糕點正面的顏色較深甚至烤焦。另外長時間使用時，烤箱內的溫度會大於設定溫度，需要中途檢查並降低溫度。

確認烤箱溫度的方法

用基本的餅乾麵團測試
按照 p100「造型餅乾」的流程，製作到步驟⑥。接著放進預熱 180℃ 的烤箱中間層烤 12 分鐘，把成品的顏色跟下圖比較。成品顏色淺，表示烤箱的溫度低，實際烘焙的溫度必須比食譜調高 10℃，或將烘烤的時間延長 3~5 分鐘。相反地，如果成品顏色深，就必須把實際溫度調低 10℃，或將烘烤的時間縮短 3~5 分鐘。

溫度低　　溫度剛好　　溫度高

善用烤箱溫度計 將烤盤放在中間層並擺上溫度計，將烤箱溫度設定為 180℃。預熱 20 分鐘後，查看溫度計的溫度是否顯示為 180℃。如果溫度計的溫度比 180℃ 高，則烤箱溫度必須降低 10℃，如果溫度計的溫度比 180℃ 低，則必須把烤箱溫度調高 10℃ 左右，同時確認自家的烤箱溫度要設定在幾度，溫度計才會顯示為 180℃。★請用烘焙中常用的 180℃ 做測試。

智慧運用烤箱

預熱 跟著食譜設定溫度，預熱烤箱 15 分鐘（迷你烤箱 10 分鐘）以上。

過程中轉動烤盤 烤箱裡面比外面更快烤熟。烤餅乾、瑪芬、磅蛋糕、蛋塔時，烤到一半時要打開烤箱，把烤盤旋轉 180 度，成品才會烤得均勻。不過，如果烤的是泡芙、海綿蛋糕、千層酥皮、起司蛋糕，則烘焙過程中不可打開烤箱，否則成品會鬆扁。

中途檢查 長時間使用烤箱，烤箱溫度會比設定溫度來得高。所以過程中必須檢查成品狀態，若是顏色比平常深，請把溫度降低 10~15℃。

烘焙的重要材料！麵粉、雞蛋、砂糖、奶油

烘焙是把沒有形狀的材料變成全新形狀和口感的製作過程，所以掌握並理解每種材料的特性非常重要。在這裡我們盡可能簡單地說明烘焙時不可或缺的四種材料特色與屬性。

★ 若對用語（打發、蛋白霜）有所疑問，請見 p23 的說明，材料的選擇和保存方法請見 p18。

麵粉

麵粉是完成成品型態和口感的最基本材料。依照蛋白質的含量，分成低筋麵粉（6.5~8%）、中筋麵粉（8~9%）、高筋麵粉（11.5~12.5%），蛋白質含量不同，口感也不同。

創造嚼勁口感和彈力的麩質

麵粉中蛋白質加水、牛奶或雞蛋等含水分的材料搓揉，就會形成帶有彈力和韌性的麩質（Gluten）。麩質創造麵包特有的嚼勁，製作餅乾和派的麵糊能延展而不中斷，也是受惠於麩質的黏彈性。製作麵包時要使用蛋白質含量高的高筋麵粉，才能做出富有嚼勁的口感。製作脆餅或柔軟的蛋糕時，則應使用低筋麵粉，搓揉麵團時也要用輕輕按壓的方式攪拌，才不會製造過多的麩質。

製造綿柔口感的澱粉

麵粉中的澱粉加水、牛奶、雞蛋等含水分的材料搓揉後加熱，會產生澱粉糊化的現象（澱粉在水中加熱時，體積膨脹、變得黏稠的現象）。糊化的麵粉會變膨脹，變成棉柔、好消化的狀態。像泡芙和海綿蛋糕的綿密口感，就是從澱粉的這種特性而來。

>> 本書中 使用了低筋、中筋、高筋麵粉。大部分的餅乾、瑪芬、磅蛋糕、蛋塔、派和蛋糕，使用低筋麵粉，為了加強嚼勁，有時也混入中筋麵粉。製作麵包時主要用的是高筋麵粉，但製作口感較溫潤的麵包時，也會混加中筋、低筋麵粉。

雞蛋

富含高蛋白，不僅營養滿分，也是增添食物風味的重要材料。烘焙時，有時蛋白和蛋黃會一起使用，但各自負責的角色不同。

打造綿密口感的蛋白

蛋白打發後因為空氣進入泡泡，會使得體積變大。這是因為蛋白中含有的蛋白質會在空氣周遭形成一層薄膜，阻止進入的空氣往外逸散。戚風蛋糕和蜂蜜蛋糕就是把打發的蛋白泡（蛋白霜）加進麵糊搓揉，利用蛋白的這種特性打造出綿密口感。

防止材料分離的蛋黃

蛋黃含有扮演乳化劑角色的卵磷脂，加入麵糊能幫助帶水分的材料，如牛奶、蛋白等和帶油分的材料，如奶油、食用油等充分融合。如果材料需要多份蛋黃，應分次放入，一邊攪拌，才不會產生分離的情況。

>> 本書中 使用重約 58~64g 的雞蛋（此為帶殼重量）。根據糕點的不同，有時使用全蛋，有時則把蛋黃和蛋白分開使用。另外，烤麵包或派時，也會在正面塗上一層蛋汁，以求烤出讓人垂涎欲滴的褐色。用不完的蛋黃應冷藏，等待下次使用，蛋白則應放入冷藏或冷凍保存。冷凍的蛋白可存放 15 天，移到冷藏室解凍後可製成蛋白塔、馬卡龍等製品的蛋白霜使用。

砂糖

砂糖不只是產生甜味的重要材料，對口感和色澤也有影響。我們大部分使用白砂糖，不過為了強調原糖的特殊風味和香氣，有時也會使用紅糖或黑糖。常用於麵糊和餅乾糖霜的糖粉，則是將白糖攪碎後，加入 10% 的澱粉攪拌而成。

鎮定蛋白泡的鎮定劑

打蛋時加入砂糖可以鎮定泡泡，讓泡泡變小且不易破。不過如果一次加入太多砂糖，反而會阻礙發泡，因此最好分成 2~3 次加入再打發。

溫潤的口感和防腐效果

砂糖具有吸收周圍水分的特性，因此即使高溫烘烤，也能保持溫潤的口感。如果為了降低甜味而減少砂糖用量，有可能導致口感變澀。此外，砂糖具有防腐效果，添加大量砂糖的餅乾和果醬，便有較長的保存期限。

>> 本書中 主要使用白糖，但需要強調原糖特殊風味的糕點，則使用紅糖和黑糖。另外，口感溫潤的餅乾和蛋塔，則以細柔的糖粉取代砂糖使用。白糖雖可取代紅糖和黑糖，但風味可能因此不同，糖粉亦可用等量的白糖替代，但形狀和口感也會因此有差。

奶油

奶油帶有香濃的味道和香氣，以及獨特的風味，對於食物的口感和質感會起到很大的作用。奶油分成牛奶中提煉出的動物性鮮奶油、以及用植物油製成的植物性鮮奶油（加工奶油）。烘焙時，常用不添加鹽的無鹽奶油。

創造溫和口感的軟化奶油

用筷子輕按奶油時，會留下痕跡的奶油就叫做「放在室溫軟化的奶油」。軟化奶油像美乃滋一樣柔軟，用作餅乾材料或用攪拌器打發，讓大量空氣進入奶油，製成像瑪芬或磅蛋糕一樣口感綿柔的糕點。

打造酥脆口感的冰奶油（塊狀奶油）

剛從冰箱取出的硬梆梆奶油，就叫做「塊狀奶油」。塊狀奶油通常用在製作餅皮麵糊（帶有堆疊口感的薄塊麵團），製作這種麵糊時要用刮板（攪拌或塗抹的扁平工具）刮攪奶油，使奶油和麵粉層層攪拌，並注意時間不能讓奶油融化。烘烤時，麵粉之間的奶油融化，形成餅團特有的薄層。

>> 本書中 使用帶有香濃風味的動物性奶油，雖然可用低價的植物性奶油替代，但風味也會打折扣。烘焙時按照食譜的「事前準備」，預先準備好需要的奶油（軟化奶油、冰奶油、融化奶油）可減少料理時間。使用加鹽奶油時，請將食譜中的鹽分量減半。

烘焙的次要材料！其他 6 項材料

雖然需要的分量不多，但能維持食物口感和形狀的凝結劑、酵母、膨鬆劑，以及對味道有重要作用的巧克力、香料、牛奶與鮮奶油。了解這些材料的特性，並事先掌握使用時的注意事項。
★ 材料挑選及保存方法請見 p18。

凝結劑：吉利丁 & 寒天粉

用途 凝固並維持形狀。

種類 吉利丁是用動物的軟骨、肌腱等動物性材料製成，顏色透明，凝結軟糖、慕斯、奶油時使用。寒天粉的主原料則是海草、石花菜等植物性原料，比吉利丁硬且有嚼勁，凝固時顏色不透明，所以主要用在製作羊羹。

使用方法 把吉利丁片放到冷水中，水位需要蓋過吉利丁片。撈起後擠乾水分，加熱融化使用。若使用吉利丁粉，則取 4 倍的水浸泡吉利丁粉，泡脹後，和浸泡的水一起加熱融化使用。寒天粉則取 1 大匙加 300ml 的冰水浸泡 15 分鐘後加熱使用。

>> 本書中 使用吉利丁片，如果想使用吉利丁粉替代，1 片吉利丁等於 ½ 小匙吉利丁粉。1 大匙寒天粉可用 7~8g 寒天條替代，取等量的寒天條浸泡在水中 12 小時以上，泡開後使用。

酵母：新鮮酵母 & 乾酵母 & 速發乾酵母

用途 活酵母發酵，產生二氧化碳，發脹麵包製造特殊風味。

種類 酵母根據水分含量大致可分成新鮮酵母（70%）、乾酵母（8~10%）、速發乾酵母（4%）。一般家庭中常用特殊加工過的速發乾酵母，方便使用和保存。

使用方法 使用新鮮酵母時，先將新鮮酵母搗碎成小塊，加到粉狀材料中，再用手掌搓揉攪拌。使用乾酵母時，則先把食譜中的液態材料取酵母的 5 倍量，加熱（35~40℃）後放入乾酵母，發脹 30 分鐘後再取出攪拌。速發乾酵母則是直接使用即可。

>> 本書中 採取容易保存和使用的速發乾酵母，也可用兩倍的新鮮酵母或等量的乾酵母替代，並按照上述的方法使用。

膨鬆劑：泡打粉 & 小蘇打

用途 引起化學反應產生二氧化碳，膨鬆餅乾及麵包等糕點，完成成品的形狀及膨鬆口感。

種類 泡打粉（Baking powder）遇水或遇熱時會開始膨脹，可用於烤餅乾或蛋糕等多種糕點。而小蘇打（Baking soda）遇水或遇酸會開始膨脹，像是使用檸檬汁、原味優格、巧克力等的食譜都帶酸。不過要注意酸性材料用量過多，會讓成品產生苦味，要特別注意。

使用方法 和麵粉等粉類材料一起計量、過篩，攪拌後使用。

>> 本書中 主要使用泡打粉。小蘇打的膨脹力是泡打粉的兩倍，因此用泡打粉取代小蘇打時，用量要多 1.5~2 倍。相反地，用小蘇打取代泡打粉時，用量則應減少 ½。

巧克力：調溫巧克力＆巧克力糖衣＆巧克力豆

用途 加在麵糊裡以添加巧克力的香味和味道，也會塗抹於蛋糕和餅乾表面使用。

種類 調溫巧克力（Couverture chocolate）是含有高成分可可脂的高級巧克力，風味絕佳，依照可可塊的含量，又分成黑巧克力、牛奶巧克力、白巧克力。巧克力糖衣（Coating chocolate）則是以植物性油脂取代可可脂做成的巧克力，雖然味道比不上調溫巧克力，但延展性佳，凝固後又有光澤，因此常作為裝飾用。巧克力豆是經過加工的巧克力，隔水加熱後仍可維持形狀，常加在麵糊中當作裝飾配料使用。

使用方法 調溫巧克力加熱融化後搗碎加入麵糊使用。巧克力糖衣隔水加熱使用。巧克力豆直接加在麵糊中，或作為裝飾配料使用。

>> 本書中 用了可可含量 55% 以上的調溫黑巧克力和巧克力豆，以及可可含量 25% 以上的巧克力糖衣。

香料：肉桂粉＆綠茶粉＆糕點用酒＆香草豆莢

用途 增添糕點風味，調節雞蛋和麵粉的特殊味道。

種類 常用的香料有粉狀的肉桂粉、綠茶粉、南瓜粉等，還有液態的糕點用酒（蘭姆酒、橘子酒）、可搭配甜味的香草豆莢（Vanilla bean）。★蘭姆酒：用糖蜜或蔗糖釀造的蒸餾酒。橘子酒：用橘子外皮釀造的蒸餾酒。

使用方法 粉狀香料通常和其他粉狀材料一起計量、過篩後，加在麵糊使用。糕點用酒則和糖漿或奶油一起使用，有時加在熱奶油使酒精成分蒸發，只留香味，有時則加在完全冷卻的奶油中，添加酒精成分。使用香草豆莢時，先把豆莢剪成兩等分，再用小刀刮出香草籽，或把整個香草莢一起沖泡，待煮出香味後過篩使用。

>> 本書中 使用了各種香料，讀者依個人喜好使用，或亦可省略。

牛奶 ＆ 鮮奶油

用途 牛奶可調節麵糊的濃稠度，或用來製作卡士達醬。鮮奶油打發後，主要用來製作蛋糕糖衣或慕斯。

種類 鮮奶油分成牛奶提煉的動物性鮮奶油（一般鮮奶油）、以及植物性油脂製的植物性鮮奶油（發泡鮮奶油）。動物性鮮奶油的味道香濃，入口即化，口感甚好。植物性鮮奶油的風味和口感雖不比動物性鮮奶油，但打發時穩定度高不易分離，又因延展性佳，常當作蛋糕糖衣的材料使用。如果是要加在麵糊中使用，則選擇口感較好的動物性鮮奶油為佳。

使用方法 根據糕點的作法，有時加熱使用，有時直接使用。動物性鮮奶油作為裝飾使用時，應在冰奶油中加入 8~10% 的砂糖後，再打發使用。

>> 本書中 用了普通的牛奶和動物性鮮奶油（一般鮮奶油）。

記住這個就好！
基本材料挑選與保存

本書研發的食譜，使用的都是最基本、容易取得的材料。這裡和大家說明這些材料的選擇及保存方法，請大家精挑慎選後新鮮地保存。

麵粉、澱粉、全麥粉

挑選 挑選包裝無瑕疵、不結塊的製品，並推薦購買澱粉顏色潔白、顆粒漂亮、不含麩質的玉米澱粉。

保存 澱粉受潮容易結塊，因此應密封保存，並放在陰涼乾燥的地方。

雞蛋

挑選 確認產卵日期，挑選最新鮮的雞蛋。敲破蛋殼，蛋黃集中完整，蛋白清澈有彈力，才是新鮮的雞蛋。

保存 購買後立刻冷藏，雞蛋尖端部分朝下，並裝在雞蛋專用容器中為佳。

內餡

挑選 選擇包裝無瑕疵、且沒有膨脹現象的產品。

保存 開封後用保鮮膜緊緊密封並冷藏保管。用不完的內餡可存放在冷凍室，使用前1個鐘頭取出，放在室溫解凍。

奶油、奶油乳酪

挑選 挑選冷藏流通、包裝無瑕疵的產品，並購買無鹽奶油及原味口味的奶油乳酪。

保存 使用後用保鮮膜密封，奶油可冷藏或冷凍保存，奶油乳酪則必須冷凍保存。

吉利丁片、寒天粉

挑選 避免購買表面融化或有疙瘩的吉利丁片。寒天粉則要注意是否受潮結塊。

保存 吉利丁片使用後應包裹保鮮膜，寒天粉則應仔細密封，放在不被陽光直射的陰涼乾燥處存放。

速發乾酵母

挑選 挑選包裝無瑕疵的產品，並檢查是否有空氣進入，造成包裝膨脹的現象。

保存 開封後應存放在密閉容器或密封袋冷凍保存。使用時預先計量所需的分量，並置於室溫，待冰氣消散後使用。用不完的酵母必須立刻密封，放在冷凍室保存。

泡打粉、小蘇打

挑選 選擇密封完整、顆粒不結塊的商品。

保存 確實密封，並放在陽光不直射的乾燥陰涼處。小蘇打受潮會膨脹，因此須注意不能放在有濕氣的地方。

調溫巧克力、巧克力豆

挑選 避免購買表面有白點、或融化結塊的商品。購買調溫巧克力時，先確認可可含量，再依個人口味購買。

保存 用密封袋或保鮮膜仔細包裹密封，並放在沒有陽光直射的陰涼乾燥處。

蘭姆酒、橘子酒

挑選 糕點用酒有效期限長，可以大量買來擺放。如果需要的量不多，可以選購 500ml 以下的小包裝。

保存 使用後關緊蓋子，以免酒精蒸發。放在沒有陽光直射的陰涼乾燥處保管。

牛奶、鮮奶油

挑選 檢查有效期限及商品的包裝狀態。挑選鮮奶油時輕輕搖晃，避開有結塊的商品。

保存 為了避免沾染其他食物的味道，開封後，開口用保鮮膜仔細包裹，並存放冷藏保鮮。

堅果類

挑選 選擇不乾扁、顏色鮮明、帶有油光但油脂味不重的商品。

保存 堅果類接觸空氣會氧化，因此開封後必須裝在密封容器冷藏或冷凍保存。

水果乾

挑選 選擇圓滾、顏色鮮明的商品，太過乾燥或過硬都不好。買來後變硬的話，先放在煮滾的糖水（水 2 湯匙＋砂糖 2 大匙）中煮 3~5 分鐘後再使用。

保存 裝在密封袋或密封容器中冷藏、冷凍保存。

香草莢

挑選 選擇外殼有光澤、圓滾的香草豆莢，太乾或太扁都不好。

保存 用保鮮膜一根根分別包裹，再放入密封袋，置於沒有陽光直射的陰涼乾燥處保管。把香草莢放進糖罐，就能做出香草風味糖。

常用工具清單

□ 攪拌器
□ 計量匙
□ 量杯
□ 蛋糕捲專用四角模
　（39×29cm）
□ 瑪德蓮蛋糕模
□ 瑪芬烘焙紙
□ 瑪芬模（6入）
□ 棉布
□ 慕斯圍邊
□ 慕斯模
　（直徑 18cm）
□ 篩網
□ 桿麵棍
□ 星型擠花嘴
□ 碗
□ 麵包刀
□ 方形模
　（20×20cm）
□ 刮板
□ 抹刀
□ 戚風蛋糕模
　（直徑 17cm）
□ 烤箱
□ 圓形擠花嘴
□ 圓形蛋糕烤模
　（直徑 18cm）
□ 烘焙紙
□ 電子秤
□ 刷子
□ 擠花袋
□ 蛋糕轉盤
□ 餅乾模
□ 塔模（直徑 18cm）
□ 計時器
□ 磅蛋糕模
　（長 25cm）
□ 派模
　（下直經 18cm）
□ 食物調理機
□ 電動攪拌器

準備這個就好！
基本工具挑選與保存

本書研發的食譜，用基礎工具就能跟著做。活用家中原有的工具，遇到缺少的工具，再仔細挑選購入。只要正確地保管，就能延長工具壽命，並方便再次使用。

計量匙、量杯

挑選 計量匙最好購買細分到½、¼ 小匙的產品，量杯有 200ml 和 500ml，選擇刻度以 10ml 為單位的量杯，使用上更方便。
保存 塑膠量杯裝高溫液體時可能出現龜裂，必須小心。
★計量匙、量杯用法請見 p11。

電子秤

挑選 電子秤以 1g 為單位，比普通的刻度秤更方便使用。購買時應挑選最大計量為 2kg 的商品。
保存 用乾抹布輕輕擦拭，不用的時候也不要將重物放在上面。
★電子秤用法請見 p11。

計時器

挑選 挑選可設定小時、分鐘、秒鐘，並有鬧鐘功能的產品。
保存 沾黏到麵糊時，應用乾抹布擦拭。注意防潮，並且避免在高溫烤箱旁放置太長時間。

碗

挑選 挑選碗口和碗底直徑相仿的 U 字碗，深度也要夠深，避免打發時材料彈出。最好選擇不銹鋼或塑膠材質的碗。
保存 使用後，用洗碗精確實清洗，不留油垢。再用熱水沖洗並擦乾存放。

刮勺

挑選 選擇正面稍硬的刮勺，攪拌和推鏟麵糊都比較方便。材質選擇橡膠或耐熱的矽膠。
保存 用完後洗淨存放。木製手把要特別將水氣擦乾，才不會發霉。
★刮勺攪拌法請見 p24。

攪拌器

挑選 選擇手把好握、不鏽鋼製的球狀攪拌頭。
保存 使用後，將殘留在攪拌頭的麵糊徹底洗淨，風乾後存放。
★攪拌器攪拌法請見 p24。

電動攪拌器

挑選 選擇可調節低、中、高速的 3 段式產品，攪拌頭要堅固，手把要好拿、不能太重。
保存 使用後，將殘留在攪拌頭的麵糊徹底洗淨，風乾後置於箱子或層櫃擺放。
★電動攪拌器用法請見 p25。

篩網

挑選 選擇濾網密、不鏽鋼製的過篩網。另外，手壓式過篩網更方便，不會讓粉塵亂飛。
保存 使用後，先拍掉卡在濾網的麵粉，再洗去殘留的麵糊，並風乾收存。
★麵粉過篩法請見 p25。

刮板（切麵刀）

用來切麵團或攪拌麵糊、推整奶油。
挑選 最好選不太軟、有點硬的刮板。塑膠或不鏽鋼材質為佳。
保存 用完後洗淨，不凹折，置放在平整的地方。
★刮板攪拌法請見 p25。

抹刀

刀子形狀的抹刀，主要用來塗抹蛋糕上的奶油。
挑選 選擇手把好握、不鏽鋼材質的刀片。刀長在 22~28cm 之間更好使用。
保存 使用後洗淨存放。木製手把要特別將水氣擦乾，才不會發霉。

桿麵棍

挑選 選擇長 30~35cm，有點重量的桿麵棍。附有活動式雙柄的桿麵棍更好操作。
保存 使用後，用乾抹布擦掉沾到的麵粉，麵糊則用水清洗。木製桿麵棍要將水氣擦乾，才不會發霉。

刷子

主要用來把蛋液或糖漿塗抹在麵包和蛋糕上。
挑選 選擇掉毛少、刷毛寬度約 4cm 的刷子。刷毛材質多為毛或矽膠。
保存 用熱水洗淨後風乾保存。

擠花袋、花嘴

挑選 塑膠擠花袋用完就丟比較方便，但若是裝較硬的麵糊，則選擇布做的擠花袋，較好操作。另外，圓形和星型花嘴能同時擁有中、小號更好。
保存 使用後，將殘留在擠花嘴的麵糊洗淨，並風乾保存。
★擠花袋用法請見 p27。

蛋糕轉盤

塗抹蛋糕上的奶油或進行裝飾時，把蛋糕放在蛋糕轉盤上，一邊轉動一邊作業。

挑選 最好選擇下方有防滑功能的產品，直徑約 28cm 左右較為合適。通常使用塑膠或不鏽鋼材質。

保存 洗淨風乾後置於層架上。

烘焙紙、烤盤布

挑選 選擇表面經過處理、烤完後容易分離成品的拋棄式烘焙紙。至於烤盤布是經過耐熱處理的烘焙布，可重複使用。

保存 烤盤布使用過後洗淨，放置在烤箱上或烤箱裡，用餘溫烘乾水分後收藏。

麵包刀

用來切蓬鬆的麵包、蛋糕。

挑選 和一般廚房用的刀子不同，刀刃長、呈鋸齒狀。選擇刀刃不過厚、長度約 20~30cm 的麵包刀。

保存 使用後洗淨，木製手把要特別將水氣擦乾，才不會發霉。

慕斯圈、餅乾模

挑選 挑選不鏽鋼材質、形狀平整的商品。餅乾模具太過鋒利，會有受傷的風險，購買時應特別注意。

保存 盡量用乾抹布擦拭，若必須用水沖洗，則佐以海綿輔助。洗淨後必須完全風乾才不會生鏽。

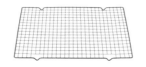

冷卻網

挑選 挑選表面處理過、網的間隔不過寬的產品。也可以和烤箱架一起使用。

保存 洗滌時用海綿輔助，洗後風乾存放。

麵包機

挑選 有攪拌麵糊、發酵功能的麵包機為佳。購買時應仔細挑選功能、容量。

保存 使用後把桶子取出，洗淨後和麵包機體一同放置在箱子或層架上存放。

★麵包機用法請見 p29。

書中使用的烘焙專用模具

挑選 選擇熱傳導率高、內部無瑕疵、表面經過處理的模具。購買時，從不鏽鋼、鋁、矽膠等材質的模具中，選擇自己需要的大小即可。

保存 盡量用乾抹布擦拭，若必須用水沖洗，則佐以海綿輔助。洗淨後需風乾才不會生鏽。

① 圓形模　② 塔模　③ 派模　④ 瑪芬模　⑤ 磅蛋糕模　⑥戚風蛋糕模　⑦ 蛋糕捲模
⑧ 四角模　⑨ 瑪德蓮蛋糕模　⑩ 吐司模

書中常用的基本烘焙用語

事先熟悉烘焙中常用到的基本用語，有助於了解製作過程，
實際跟著食譜動手做時，也有很大的幫助。

排氣
麵包在第一次發酵後，用手輕
壓、整圓，把裡面的空氣排出
的動作。排氣後，麵團吸收氧
氣，使溫度均勻，第二次發酵
就會更均勻飽滿。

撒麵粉
推開餅乾或蛋塔麵糊時，為了
不讓手和砧板黏到麵糊，會先
輕輕撒上一層麵粉。通常製作
餅乾、蛋塔、派時會撒上低筋
麵粉，麵包則撒上高筋麵粉。

整圓
第一次發酵後，把麵團表面整
圓的動作。必須把麵團整圓，
第二次發酵時產生的二氧化碳
才不會往外逸出。

發酵
維持適合酵母活動的溫度
（28~32℃）和濕度（75~
80%），讓麵團呼吸的作業。
發酵過程中，酵母排出二氧
化碳使麵團鼓脹、形成麵包內
組織，製造出Q彈、溫潤的
口感。

室溫回溫
指的是提前1小時把奶油、
雞蛋、奶油起司等從冰箱中取
出，去除冰氣的動作。把材料
放在室溫，材料的組織變得較
柔軟，攪拌時也不會因各個材
料的溫度差異，而發生分離的
現象。

塗抹糖衣（icing）
一種是用抹刀在麵包上塗抹奶
油的動作；另一種是利用蛋白
和糖粉做成糖衣，塗抹在餅乾
上做裝飾的動作。

預熱
事先啟動烤箱，把烤箱加熱到
指定溫度。如果溫度不夠，可
能會讓麵糊散開，或發生外熟
內不熟的情況。

隔水加熱
取一個大碗裝熱水，再取一個
小碗裝材料，用間接方式加熱
的動作。常用來融化巧克力、
奶油、吉利丁等。

過篩
把粉類材料用篩網篩選的動
作。過篩後，結塊的顆粒散
開，粒子間空氣流通，麵糊也
變得柔軟。

打發（whipping）
指的是用攪拌器或電動攪拌
器攪拌蛋黃、蛋白、鮮奶
油、奶油，注入空氣使之膨脹
的動作。

靜置
指的是把完成的麵糊暫時放在
冰箱或室溫中，使各種材料的
成分和香氣能充分融合，穩定
麩質。如此之後，推開麵糊或
整型的工作就會更容易。

蛋白霜（Meringue）
把蛋白加入砂糖（或糖漿）打
發製成，根據作法又分成法式
蛋白霜（蛋白＋砂糖）及義式
蛋白霜（蛋白＋熱糖漿）。
★蛋白霜說明請見 p31。

皮屑（Zest）
皮屑指的是有香氣的柑桔類
（橘子、檸檬、葡萄柚）外
皮，製作料理或烘焙時為了增
添香氣使用。使用時先把外皮
清洗乾淨，再將外皮切碎、搗
碎，或刨絲使用。

酥粒（Crumble）
混合奶油、砂糖、麵粉做成的
小團塊，經常加在麵包、磅蛋
糕、蛋塔上添加風味。

裝飾材料（Topping）
指的是撒在料理或麵包、蛋
糕、瑪芬上的堅果類、水果、
巧克力豆等裝飾材料。

糖漬皮（Peel）
指的是為了添加料理或烘焙的
香氣與味道使用的材料。一般
來說，會把柑桔類（橘子、檸
檬、葡萄柚）去皮，浸漬在砂
糖中製成。

內餡（Filling）
填充在餅乾、蛋塔、磅蛋糕中
提升味道的內餡，可以是奶油
或各種其他材料。

一定要懂的！基礎烘焙技巧

從不同工具的麵糊攪拌法到麵粉過篩法、在模具上鋪烘焙紙的方法等，這些容易被錯過的基本技巧，這邊都特別為您挑出說明。基本功紮實了，才能零失敗、開心做烘焙。

刮勺攪拌法

握法 用拇指和食指輕握把手，利用刮勺頭攪拌麵糊。

用切的方式攪拌 豎起刮勺，從碗中央朝箭頭方向直直切下。同時用左手抓住碗緣，以逆時針方向每次轉動⅙。

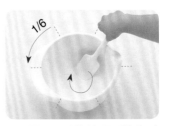

用翻轉的方式攪拌 用刮勺把碗底的麵糊鏟起，旋轉手腕，依箭頭方向翻轉麵糊。同時用左手抓住碗緣，以逆時針方向每次轉動⅙。

攪拌器攪拌法

握法 用拇指和中指輕握把手，並如圖所示，用食指輕按。

打發 手腕放鬆，攪拌器輕輕壓住碗底，按照順時針方向畫圓，並用左手固定碗。
★每 10 秒約旋轉 15 次。

用翻轉的方式攪拌 攪拌器從左邊開始，輕輕壓住碗底並往右邊移動。移動時旋轉手腕，帶動攪拌器旋轉鏟起麵糊並攪拌。同時用左手抓住碗緣，以逆時針方向每次轉動⅙。

刮板攪拌法

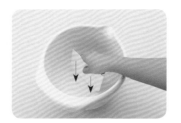

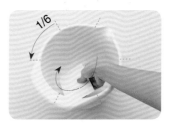

握法 把刮板放在拇指和食指之間，輕輕抓握。使用刮板集中、攪拌麵糊。

用切的方式攪拌 垂直豎立刮板，從上往下按壓，用切的方式攪拌麵糊。攪拌時稍微轉動手腕，和麵更均勻。

用翻轉的方式攪拌 用刮板鏟起碗底的麵糊，轉動手腕，按照箭頭方向攪拌麵糊。同時用左手抓住碗緣，以逆時針方向每次轉動⅙。

電動攪拌器使用法

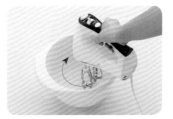

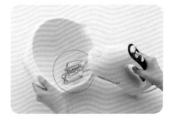

攪拌棒銜接方法 把攪拌頭裝進手持攪拌器，稍微按壓塞入，確認聽見「喀」聲。

打發 垂直豎立手持電動攪拌器。用左手固定碗，攪拌機輕輕擦過碗的內緣，用畫大圓的方式在碗底旋轉。

注意事項 注意不要讓攪拌器大力碰撞碗的內緣、碗底，或擦出傷痕。
★否則會使碗掉漆，或成為手動攪拌器故障的原因。

麵粉過篩

裝麵粉 計量所需的粉類材料，裝進塑膠袋後，把材料聚攏到袋子的一角。

倒入篩網 如圖所示，用手握住堆在一起的粉類材料，倒入篩網中。

過篩 將篩網放在塑膠袋中輕輕搖晃，或按壓把手過篩。
★在塑膠袋裡過篩，可確保麵粉不亂飛，非常方便。

在磅蛋糕模鋪烘焙紙

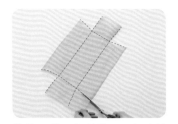

描繪 把磅蛋糕模具放到烘焙紙上，從模具右側底面開始描畫。★如果是梯形模具，則必須按照模具的形狀裁剪，烘焙紙才會剛剛好鋪滿。

裁剪 用剪刀沿線剪開，把多餘的部分剪掉。

放入模具 沿線摺好後放入模具內。烘焙紙如果往內捲，可以把多餘的麵糊塗在模具內，黏住烘焙紙。

在圓型模具鋪烘焙紙

描繪 把圓形模具放到烘焙紙上，沿著底面開始描畫。★若使用分離式圓型模具，裁剪時必須比描繪的線多2cm，麵糊才不會流出來。

裁剪 比圓型模具的高度多留1cm，再用剪刀裁剪。一張不夠時，再多剪一張預備。

放入模具 把烘焙紙放進模具。烘焙紙如果往內捲，可以把多餘的麵糊塗在模具內，黏住烘焙紙。

糖霜用圓錐型紙袋作法

捲圓錐形紙袋 烘焙紙依照等腰三角形的形狀裁剪。如圖所示，以長邊的中間作為基準點，把烘焙紙捲成圓錐狀。★Cornet源自法語，指的是小喇叭、小圓錐的意思。

固定 注意別讓圓錐角鬆開。捲好後如圖所示，把烘焙紙的末端往內塞，圓錐才不會散開。

倒入糖霜 用湯匙舀起糖霜倒入圓錐型紙袋，約裝6分滿。然後把開口往內摺捲起，封住開口，再把尖端剪開，擠出糖霜。

使用擠花袋

裁剪 裁剪擠花袋尖端，使花嘴露出大約⅓左右。

塞入擠花嘴 把花嘴從擠花袋上緣放入，移至尖端卡住，再如圖所示，稍微把擠花袋扭轉，從外面塞進擠花嘴。
★如此一來倒入稀麵糊時，麵糊也不會往下滲出。

放進麵糊 把⅓的擠花袋往外摺，一手放入摺起的部分握住。另一手用刮勺裝入麵糊。
★用這種方式，擠花袋下緣就不會沾到麵糊，非常乾淨俐落。

海綿蛋糕橫剖

用牙籤做記號 橫切海綿蛋糕時，先把蛋糕的高度3等分，再用牙籤在⅓處圓周做記號。

上面切片 把牙籤當成支架，架上麵包刀。左手輕壓蛋糕，由右往左，前後橫移刀子切片。

下面切片 把第一片切好的部分放到旁邊，再用牙籤做記號，用同樣的方式切片。★熟練後可以減少牙籤的數量，或用刀刃畫線做記號後切片。

漂亮地印出餅乾形狀

模具沾麵粉 碗裡裝進低筋麵粉，放進餅乾模具，切面稍微塗上麵粉，可防止沾黏麵團。

印模後輕壓 把模具放到麵團上，印出形狀後再稍微輕壓。
★壓得太大力會弄壞形狀，務必放輕力道。

脫模 如圖所示，用食指輕輕按壓麵團，脫離模型後便可放上烤盤。
★麵團如果黏住模具，請用手輕輕拿下，再移到烤盤上。

必學超實用！攪拌麵糊 & 麵包機做麵團

只要熟稔海綿蛋糕的作法，不僅能應用在鮮奶油蛋糕，還能用在其他各種蛋糕的製作。
家裡如果有麵包機，不妨試試用麵包機完成攪拌麵糊到第一次發酵的作業過程，你將會發現做麵包變簡單了。

海綿蛋糕體的兩種打發法：全蛋法 VS. 分蛋法

鮮奶油蛋糕或慕斯、起司蛋糕共用的海綿蛋糕體作法，可分成蛋黃和蛋白一起打發的「全蛋法」，以及蛋黃和蛋白分別打發的「分蛋法」。全蛋法作法簡單，成品的口感溫潤；分蛋法雖作法較複雜，但成品的口感綿密，又因為和打發的蛋白霜一起攪拌，麵糊更紮實。本書中使用全蛋法製作海綿蛋糕，未來若想製作紮實、綿密口感的蛋糕體，也可試試分蛋製作法。

★全蛋法請見 p205。

海綿蛋糕分蛋打發法

事前準備
（直徑 **18cm** 圓型模具 1 個）
- [ ] 蛋黃 3 顆
- [ ] 砂糖 A 50g
- [ ] 蛋白 3 顆
- [ ] 砂糖 B 50g
- [ ] 低筋麵粉 90g

<u>01</u>　碗裡打入蛋黃，用電動攪拌器以低速打 20 秒，放入砂糖 A 再用中速打 2 分 30 秒。

<u>02</u>　取另一只碗打入蛋白，砂糖 B 分兩次倒入，電動攪拌器開中速打 1 分 30 秒 ~2 分鐘左右，做出紮實的蛋白霜。

<u>03</u>　把②分兩次倒進①，一邊轉動碗，一邊用刮勺由下往上快速地以翻攪的方式攪拌。

<u>04</u>　倒入過篩的麵粉，快速地用刮勺由下往上以翻攪的方式攪拌，直到麵粉完全混合為止。

<u>05</u>　圓形模具鋪上烘焙紙，倒入麵糊。烤箱預熱 180℃，放入烤箱中間層烤 25~30 分鐘。脫模後放到冷卻網上降溫冷卻。

巧用麵包機，輕鬆做麵團

麵包機是從麵團攪拌開始到烘烤為止，所有過程都能完成的小型家電。我們可以善用麵包機讓麵包一體成形，如果是需要整形狀的麵包，也可以使用麵包機攪拌麵糊、完成第一次發酵，之後的作法就會簡單很多。不太會做手揉麵團，或經常需要做麵包的人，不妨試試活用麵包機。★書中介紹的所有麵包種類，都能用麵包機完成麵糊攪拌到第一次發酵的程度。

用麵包機攪拌全麥麵團
事前準備

（大小 **22×10cm**，**4** 份）

☐ 高筋麵粉 250g
☐ 低筋麵粉 50g
☐ 全麥粉 200g
☐ 鹽 ½ 小匙
☐ 速發乾酵母 1 小匙
☐ 溫水 340ml
☐ 蜂蜜 20ml
☐ 室溫軟化奶油 20g
☐ 搗碎的核桃 100g

<u>01</u> 麵包機設定麵糊攪拌選項，加入溫水、蜂蜜、過篩粉類、鹽、速發乾酵母。★粉類材料：高筋麵粉、低筋麵粉、中筋麵粉、鹽、砂糖等。液態材料：室溫雞蛋、水、牛奶、食用油等。

<u>02</u> 攪拌 15 分鐘，麵糊成型後，加入軟化奶油後，再攪拌 20~25 分鐘。

<u>03</u> 麵糊完成 90% 後，加入核桃，再攪拌 3~5 分鐘。★太早放入餡料，會妨礙麵糊形成麩質。

<u>04</u> 蓋上蓋子，直到麵糊攪拌作業完成為止。★到第一次發酵為止都用麵包機作業，非常方便。

<u>05</u> 完成第一次發酵後，從桶子裡取出麵糊，撒上些許麵粉後移置砧板上。按照食譜進行第一次發酵完成後的接續動作。★請見 p274 製作全麥麵包。

用途超廣泛！醬料與糖漿

這裡為大家說明烘焙中能做各種應用的奶油和糖漿。熟悉製作方法後，也可以添加到巧克力或咖啡，增添不同的風味，或是把醬料互相混和，創造出新的口味。

卡士達醬（Custard Cream）

蛋黃加入砂糖、玉米粉、熱牛奶攪拌後，熬煮製成的醬料。

使用方法 常作為泡芙、麵包，蛋塔的餡料，因其口感柔密、口感層次豐富，也經常拿來和打發的鮮奶油、軟化的奶油混和，製成其他口味使用。

注意事項 材料中使用了大量的雞蛋，因此容易繁殖細菌。做好後應立刻冷藏，隔絕和空氣的接觸。另外，如果想去除雞蛋的腥味，可以添加香草豆莢、蘭姆酒或橘子酒等材料。

★卡士達醬作法請見 p059。

卡士達醬應用食譜

p059 泡芙
p173 水果蛋塔
p196 蛋酥皮派
p228 地瓜蛋糕

杏仁醬（Almond cream）

混和大約等量的杏仁粉、砂糖、奶油、雞蛋後烘烤製成的醬料。

使用方法 常當作蛋塔、派、麵包的內餡。杏仁醬風味香甜，和使用堅果材料的食譜尤其搭配。杏仁醬根據食譜水分比例的不同，口感也多少有點差異。

注意事項 調製水分比例高的杏仁醬時，容易發生油水分離的情況。因此一定要準備室溫狀態的奶油和雞蛋，雞蛋也要分 2~3 次放入。

★杏仁醬作法請見 p177。

杏仁醬應用食譜

p177 無花果蛋塔
p180 焦糖堅果蛋塔

打發鮮奶油（whipped cream）

鮮奶油加入砂糖打發製成的醬料。

使用方法 入口即化的香甜奶油，常當作塗抹在蛋糕上的糖霜，或和卡士達醬混和，當作蛋塔、蛋糕等的餡料。另外，也用來製作慕斯蛋糕麵糊，以及杯子蛋糕裝飾，應用範圍相當廣泛。

注意事項 奶油打得太發會讓油脂分離結塊，所以打發時要注意時間和奶油的狀態。

打發鮮奶油應用食譜

p173 水果蛋塔
p204 草莓奶油蛋糕
p208 戚風蛋糕
p212 水果蛋糕捲

甘納許巧克力醬（**Ganache**）

調溫巧克力放入隔水加熱好的鮮奶油，融化製成的醬料。鮮奶油和巧克力的比例通常為 1：1。

使用方法 巧克力醬結合巧克力的甜味和鮮奶油的濃密口感，廣泛地應用在餅乾、瑪芬、巧克力、蛋塔等各式烘焙糕點。巧克力醬可以塗抹在麵包上食用，或讓巧克力醬冷卻定型，當作生巧克力享用。

注意事項 融化巧克力時，鮮奶油過熱可能出現油水分離的現象，要多加注意。

★甘納許巧克力醬作法請見p170。

甘納許巧克力醬應用食譜

焦糖醬（**Caramel cream**）

把砂糖煮到褐色黏稠狀態後，加入熱鮮奶油製成的醬料。

使用方法 焦糖帶有獨特的風味和甜味，廣泛地被應用在烘焙料理。焦糖醬可塗抹在麵包上食用，或冷卻定型為成顆焦糖。另外，焦糖醬也可以和堅果類、香蕉等材料混和，當作蛋塔內餡或慕斯蛋糕的麵糊材料使用。

注意事項 融化砂糖時，請不要攪拌，以免產生結晶。若直接加在冰冷的鮮奶油，溫度的差距會讓糖漿滾滾冒泡，所以請先把鮮奶油加熱。

★ 焦糖醬作法請見 p180。

焦糖醬應用食譜

蛋白霜（**Meringue**）

蛋白加入砂糖打發製成，依照作法可分成法式蛋白霜（蛋白＋砂糖）與義式蛋白霜（蛋白＋118℃熱糖漿）。

使用方法 法式蛋白霜口感綿密，常用在製作蛋糕。義式蛋白霜比較重，不容易消泡，常作為馬卡龍、慕斯的麵糊材料。此外，蛋白霜也很常和奶油醬混和使用。

注意事項 蛋白霜打太發容易消泡，產生結塊。所以過程中要注意打發的時間和狀態。

使用蛋白霜的食譜

烘焙常見疑問 Q&A

從烘焙的基本原理、到成功烤出特殊形狀餅乾的祕密為止，
烘焙新手平日裡好奇的問題，這邊全部有答案。

Q 為什麼瑪德蓮蛋糕中間
會有個突出的小圓肚呢？

把瑪德蓮蛋糕的麵糊放在烤箱裡烤時，麵糊中的水分遇熱蒸發，水蒸氣往上對流，會造成麵糊
鼓起。一般來說，烤箱中的熱氣會從麵糊的外緣往中間傳遞，因此麵糊中間的水蒸氣對流時間
最晚。而此時外緣的麵糊因時間差，已烤熟變硬，所有的水蒸氣因此往還沒熟的中間部分靠攏
往上飄，就形成中間突出的小圓肚了。磅蛋糕中間膨脹裂開的現象也是相同的原理。

Q 為什麼粉類材料都要過篩呢？

把所有的粉類材料一同計量後過篩，可使每種材料均勻
混和，過濾雜質，搖開結塊的部分。另外，原本相互緊
貼的粒子間因空氣流通，之後攪拌成麵糊時也更好混
和。只要把粉類材料過篩好，做好的麵糊就會柔軟。

Q 做海綿蛋糕的時候，為什麼要把麵糊添加到融化
的奶油中攪拌呢？

融化的奶油比蛋泡重，直接加在麵糊中，馬上就會下
沉。所以我們先挖一勺麵糊，放到融化的奶油中攪拌，
調好濃度和比重後，再放到麵糊中攪拌，麵糊就能比較
均勻。之後等烘焙的手法較熟練時，可以直接把融化的
奶油塞進麵糊，再用刮勺快速攪拌。此時要注意的是，
如果融化奶油的溫度太高，可能會讓麵糊扁塌，所以請
維持在微熱（40℃）。

Q 可以用食用油替代融化的奶油嗎？

如果食譜所需要的融化奶油分量在 20~30ml 之間，則
用食用油（和葡萄籽油）替代也沒關係。不過食用油不
比奶油的風味和香氣，用食用油替換奶油，味道會有點
不同。軟化奶油和塊狀奶油不能用食用油替代，否則口
感和形狀都會改變。

Q 為什麼戚風蛋糕
要用模具呢？

蓬鬆綿密的戚風蛋糕，麵糊
水份多、麵粉少。麵糊吸收
打發的蛋液膨脹，但因為麵
粉少，發脹的麵糊很快又會
消脹。為了避免這個情況，
烤戚風蛋糕時，我們使用中
間有一根棒子的模具，烘烤
時棒子和麵糊外緣相黏，就
能防止麵糊外緣和中間部分
消脹。另外，蛋糕完全冷卻
成形之前，應把蛋糕反扣，
烤好的蛋糕才不會突然消脹
凹陷。

Q 為什麼做麵包的時候要用室溫雞蛋呢？

酵母對溫度的反應敏感，在 38℃ 的環境中活動力最旺盛，超過 60℃ 則有可能死掉。另外，溫度過低也會讓酵母的活動力低下，所以搓揉麵糊時，加入的材料也必須是適合酵母活動的溫度。事先把奶油、雞蛋放到室溫回溫，液態材料也要隔水加熱再用。雞蛋可以放在室溫回溫後使用，也可以和其他液態材料一起加熱使用。

Q 沒有溫度計該怎麼測量溫度呢？

如果沒有溫度計，可以用刮勺挖一點麵糊放到手背上或人中，感受麵糊的溫度是比體溫熱、比體溫冷，還是差不多，藉此判斷麵糊的溫度。（若比體溫熱約 42℃ 以上，與體溫差不多約為 35~36℃，若比體溫冷則約 30℃）

Q 明明是用同一個烤盤，
為什麼餅乾烤起來不一樣呢？

就算用同一個烤箱、同一個烤盤烤餅乾，也會因為烤箱熱線的位置、熱的移動路線而烤出不同成品。像是烤箱內部比外部快熱，顏色更快變深，烤箱左右兩邊的溫度也各不相同。所以過程中，當確認餅乾變色到一定程度，要把烤盤旋轉 180 度讓前後對調。不過要注意的是，如果烤的是泡芙，在完全烤好前打開烤箱會讓麵糊消脹，所以要確認麵糊已經完全發脹，包括泡芙上方的裂口都已經變色後，才可以打開烤箱，旋轉烤盤。而海綿蛋糕、麵包類餅乾則是烤到正面約 80% 變色後，再開門旋轉烤盤。

Q 可以用卡士達醬調理包嗎？

沒問題，可以用卡士達醬調理包取代卡士達醬，但味道和香氣都會有差。另外使用卡士達醬調理包時，請取和食譜標示的奶油分量一樣多的牛奶，並依照指示操作，就能做出和自製卡士達醬等量的醬料了。

Q 瑪芬和杯子蛋糕
有什麼不同？

把發酵過的麵糊烤成扁圓形狀的是英式瑪芬，模具中倒入甜麵糊和各種材料，正面烤成胖圓形的則是美式瑪芬。美式瑪芬就是我們一般俗稱的瑪芬，同樣的麵糊不放餡，烤成圓形並在上方用鮮奶油、黃奶油、巧克力醬等做裝飾，就是杯子蛋糕。不過，近來杯子蛋糕專賣店也有賣加了餡和各種材料的杯子蛋糕。

Q 派和塔有什麼不同？

派和塔都是把麵糊整成盤子形狀，在中間填充餡料製成的糕點。不過塔的麵糊有甜味，口感像落下的沙子一般酥脆，而派的麵糊味道清淡，吃起來像薄紙碎裂的感覺。另外一般而言，烤蛋塔時，為了烤出塔的水波狀外緣，多使用分離式模具烘烤；烤派時，則使用外圈較寬的扁平圓形模具。

Q 馬卡龍為什麼有裙邊？

Pied，法語中「腳」的意思。
成功的馬卡龍表面有光澤，下方則帶有水波狀的裙邊。製作馬卡龍麵糊最重要的是，適當地抑制蛋白霜的氣泡，讓蛋白霜的濃度維持在能夠滑順流下的程度。馬卡龍表面乾燥後放進烤箱，會烤出一層薄膜，此時薄膜內的麵糊流下，使薄膜膨脹，就形成周圍的裙邊。

SMALL
COOKIES

1+2！學會基本作法，延伸變化出 3 種餅乾！

不容易失敗的小點心，最適合烘焙新手來挑戰！按照麵糊與麵團的特性、作法，分成六大種類逐一介紹。每種小點心除了基本食譜，還另外附上兩種在材料、頂部裝飾或內餡上，有著簡單變化的延伸食譜，讓大家可依個人喜好，烘焙出喜歡的點心。

舀的餅乾：用湯匙舀取稀軟的麵糊，鋪到烤盤上烤。
擠的餅乾：水分多的麵糊就裝在擠花袋裡，擠出各種模樣。
切的餅乾：將麵團切成適當厚度，烤出鬆脆口感。
揉的餅乾：水分含量較少的麵團，就用手搓揉成漂亮的形狀。
模具餅乾：用烤模做出各種形狀的點心。
送禮餅乾：外型素雅的點心，適合在特別的日子送人當禮物。

巧克力餅乾
＋花生醬巧克力餅乾
＋ OREO 巧克力餅乾

OREO 巧克力餅乾

巧克力餅乾

花生醬巧克力餅乾

基本款
巧克力餅乾

- ☐ 軟化奶油 150g
- ☐ 黑糖（或砂糖）100g
- ☐ 砂糖 20g
- ☐ 鹽 ½ 小匙
- ☐ 雞蛋 1 顆
- ☐ 低筋麵粉 170g
- ☐ 杏仁粉（或低筋麵粉）30g
- ☐ 可可粉 1 大匙（可省略）
- ☐ 泡打粉 ½ 小匙
- ☐ 水滴巧克力豆 70g
- ☐ 碎胡桃（或碎核桃）60g

裝飾（可省略）
- ☐ 水滴巧克力豆 1 大匙
- ☐ 碎胡桃（或碎核桃）1 大匙

延伸 A
花生醬巧克力餅乾

- ☐ 軟化奶油 70g
- ☐ 花生醬 80g
- ☐ 黑糖（或砂糖）100g
- ☐ 砂糖 20g
- ☐ 鹽 ½ 小匙
- ☐ 雞蛋 1 顆
- ☐ 低筋麵粉 170g
- ☐ 杏仁粉（或低筋麵粉）30g
- ☐ 泡打粉 ½ 小匙
- ☐ 水滴巧克力豆 70g
- ☐ 碎胡桃（或碎核桃）60g

裝飾（可省略）
- ☐ 水滴巧克力豆 1 大匙
- ☐ 碎胡桃（或碎核桃）1 大匙

延伸 B
OREO 巧克力餅乾

- ☐ 軟化奶油 150g
- ☐ 黑糖（或砂糖）100g
- ☐ 砂糖 20g
- ☐ 鹽 ½ 小匙
- ☐ 雞蛋 1 顆
- ☐ 低筋麵粉 195g
- ☐ 杏仁粉（或低筋麵粉）30g
- ☐ 泡打粉 ½ 小匙
- ☐ 水滴巧克力豆 35g
- ☐ OREO 餅乾 10 片（只要餅乾）

裝飾（可省略）
- ☐ OREO 餅乾 8 片（只要餅乾）

所需工具

碗　　電動攪拌器　　刮勺　　篩網　　烤盤　　湯匙

事前準備

1. 取出冷藏的奶油和雞蛋，置於室溫 1 小時。
2. 低筋麵粉、杏仁粉、可可粉、泡打粉一起過篩。
　（延伸食譜的粉類材料也需過篩。）

01

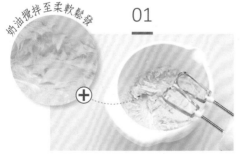

奶油攪拌至柔軟鬆發

麵糊作法 奶油裝在大碗裡，用電動攪拌器低速攪拌 20~30 秒。
★攪拌至奶油變成美乃滋般柔軟，且碗邊的奶油會呈現尖錐狀。

延伸 A

奶油和花生醬一起裝在大碗裡，用電動攪拌器低速攪拌 20~30 秒。
★攪拌成美乃滋般的柔軟鬆發狀態。

02

用刮勺將碗邊的奶油刮到中間，集中在一起。★直到步驟⑥都必須時常將碗邊的麵糊刮到中間，集中成一團，這樣才能攪拌均勻。

03

倒入黑糖、砂糖、鹽，用電動攪拌器低速攪拌 1 分鐘 ~1 分 30 秒。
★加黑糖的巧克力餅乾風味更佳。

04

加入雞蛋，用電動攪拌器低速攪拌40 秒 ~1 分鐘。

05

攪拌至粉類材料的顆粒依稀可見

倒入篩好的粉類材料，攪拌至 80% 時改用刮勺，邊轉動碗邊切拌麵糊。
★用刮勺切拌麵糊可減少麵筋產生，才不會做出太硬的餅乾。 預熱烤箱

06

攪拌好的麵糊

加入水滴巧克力豆、碎胡桃，用刮勺輕輕攪拌。

延伸 B

加入水滴巧克力豆、切成邊長為 1cm 的 OREO 餅乾，用刮勺輕輕攪拌。

07

如圖所示，用兩支湯匙舀取等量的麵糊（約 20g），取好間距，擺到鋪好烘焙紙的烤盤上。★餅乾烘烤時會逐漸膨脹，周圍須各留 2cm 的間距。

08

靜置後的麵糊可用手搓圓

手指先用保鮮膜纏好，以免麵糊沾黏，從上方輕壓，將麵糊各壓成 1cm 厚。★ 或將麵糊冷藏靜置 1 小時以上，就可用手搓圓（手需沾粉防黏），再壓成圓扁狀。

09

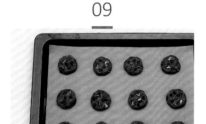

擺上裝飾用的水滴巧克力豆和碎胡桃，輕壓固定。

延伸 B

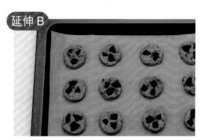

裝飾用的 OREO 餅乾切成 6~8 等分後，擺到麵糊上，輕壓固定。

10

烤 放進預熱至 180℃ 的烤箱中層，烤 12~15 分鐘後，擺在網架上放涼。★烤到一半將烤盤轉個方向，成色會更均勻。若烤盤不夠大可分兩次烤。

Tip

巧克力餅乾麵糊的冷凍保存法

巧克力餅乾麵糊做完步驟⑥後，
裝進食物保鮮袋裡，
做成直徑 5cm 的圓筒狀，
可冷凍保存 15 天。
烘烤前先讓冷凍的麵糊退冰 1 小時，
再切片切成各 1cm 厚，
放進預熱至 180℃ 的烤箱中層，
烤 10~12 分鐘。

燕麥香蕉餅乾
＋奶油乳酪香蕉餅乾
＋巧克力香蕉餅乾

奶油乳酪香蕉餅乾

巧克力香蕉餅乾

燕麥香蕉餅乾

基本款
燕麥香蕉餅乾

- □ 軟化奶油 75g
- □ 黃糖（或砂糖）100g
- □ 鹽 ½ 小匙
- □ 雞蛋 ½ 顆
- □ 中筋麵粉 50g
- □ 泡打粉 ¼ 小匙
- □ 肉桂粉 ½ 小匙
- □ 香蕉 ½ 根（50g）
- □ 燕麥片 100g
- □ 碎核桃 25g

延伸 A
奶油乳酪香蕉餅乾

- □ 軟化奶油 50g
- □ 奶油乳酪 25g
- □ 黃糖（或砂糖）100g
- □ 鹽 ½ 小匙
- □ 雞蛋 ½ 顆
- □ 中筋麵粉 50g
- □ 泡打粉 ¼ 小匙
- □ 香蕉 ½ 根（50g）
- □ 燕麥片 100g
- □ 碎核桃 25g

延伸 B
巧克力香蕉餅乾

- □ 軟化奶油 75g
- □ 黃糖（或砂糖）100g
- □ 鹽 ½ 小匙
- □ 雞蛋 ½ 顆
- □ 中筋麵粉 50g
- □ 泡打粉 ¼ 小匙
- □ 可可粉 ½ 大匙
- □ 香蕉 ½ 根（50g）
- □ 燕麥片 100g
- □ 水滴巧克力豆 25g

所需工具					
碗	電動攪拌器	刮勺	篩網	烤盤	湯匙

事前準備

1. 取出冷藏的奶油和雞蛋，置於室溫 1 小時。
2. 中筋麵粉、泡打粉、肉桂粉一起過篩。
   （延伸食譜的粉類材料也需過篩。）
3. 香蕉用叉子完全壓成泥狀。

奶油攪拌至柔軟鬆發

01

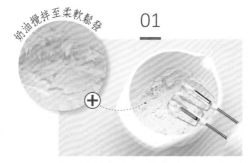

麵糊作法 奶油裝在大碗裡，用電動攪拌器低速攪拌 20~30 秒。
★攪拌至奶油像美乃滋般柔軟，且碗壁上的奶油會呈現尖錐狀。

延伸 A

奶油和奶油乳酪裝進大碗裡，用電動攪拌器低速攪拌 20~30 分鐘。
★攪拌成美乃滋般的柔軟鬆發狀態。

02

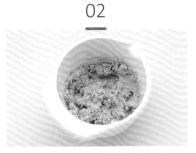

倒入黃糖和鹽，用電動攪拌器低速攪拌 30 秒~1 分鐘。

03

倒入雞蛋，用電動攪拌器低速攪拌 30 秒。

04

攪拌至粉類材料的顆粒依稀可見

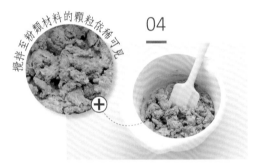

➕

加入篩好的粉類材料，攪拌至 80% 時改用刮勺，邊轉動碗邊切拌麵糊。
★用刮勺切拌麵糊可減少麵筋產生，才不會做出太硬的餅乾。 預熱烤箱

延伸 B

加入篩好的中筋麵粉、泡打粉、可可粉，攪拌至 80% 時改用刮勺，邊轉動碗邊切拌麵糊。

05

完成的麵糊

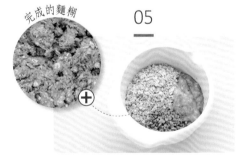

➕

加入香蕉泥、燕麥片、碎核桃，用刮勺快速攪拌。

延伸 B

加入香蕉泥、燕麥片、水滴巧克力豆，用刮勺快速攪拌。

06

用兩支湯匙舀取等量的麵糊，取好間距，擺在鋪好烘焙紙的烤盤上。
★餅乾會在烘烤過程中逐漸膨脹，周圍須各留 2cm 的間距。

07

手指先用保鮮膜纏好，以免麵糊沾黏，再將麵糊壓成厚度 1cm 的圓扁狀。★或將麵糊冷藏靜置 1 小時以上，就可用手（需沾粉防黏）搓圓壓扁，整好形狀。

08

烤 放進預熱至 180℃ 的烤箱中層，烤 12~14 分鐘後，擺到網架上放涼。
★烤到一半將烤盤轉個方向，成色會更均勻。若烤盤不夠大可分兩次烤。

Tip

適合和燕麥片搭配的食材

將燕麥粗磨或輾平製成的燕麥片，是富含膳食纖維的穀物，
很適合搭配蔓越莓乾或椰子乾。
在這個食譜中，可用碎蔓越莓或碎椰子乾取代碎核桃，
或用椰子粉取代肉桂粉、可可粉。

布朗尼餅乾

+棉花糖布朗尼餅乾
+穀片布朗尼餅乾

布朗尼餅乾

棉花糖布朗尼餅乾

穀片布朗尼餅乾

基本款
布朗尼餅乾

- ☐ 調溫黑巧克力 220g
- ☐ 奶油（或食用油）50g
- ☐ 黃糖（或砂糖）100g
- ☐ 鹽 ½ 小匙
- ☐ 雞蛋 2 顆
- ☐ 低筋麵粉 80g
- ☐ 泡打粉 ½ 小匙
- ☐ 水滴巧克力豆 70g

裝飾（可省略）
- ☐ 水滴巧克力豆 1 大匙

延伸 A
棉花糖布朗尼餅乾

- ☐ 調溫黑巧克力 220g
- ☐ 奶油（或食用油）50g
- ☐ 黃糖（或砂糖）100g
- ☐ 鹽 ½ 小匙
- ☐ 雞蛋 2 顆
- ☐ 低筋麵粉 80g
- ☐ 泡打粉 ½ 小匙

裝飾
- ☐ 棉花糖 3~5 顆

延伸 B
穀片布朗尼餅乾

- ☐ 調溫黑巧克力 220g
- ☐ 奶油（或食用油）50g
- ☐ 黃糖（或砂糖）100g
- ☐ 鹽 ½ 小匙
- ☐ 雞蛋 2 顆
- ☐ 低筋麵粉 80g
- ☐ 泡打粉 ½ 小匙
- ☐ 水滴巧克力豆 30g
- ☐ 穀片（或碎核桃）25g

所需工具	
	碗　刮勺　鍋子　打蛋器　篩網　烤盤　湯匙

事前準備	1. 取出冷藏的雞蛋，置於室溫 1 小時。 2. 低筋麵粉、泡打粉一起過篩。 3. 調溫黑巧克力切碎。

01

麵糊作法 切碎的調溫黑巧克力裝進碗中，連碗一起放進裝有熱水的盆裡隔水加熱，融化後再加入奶油，讓奶油也融化。

02

①的碗拿到盆外，倒入黃糖、鹽，用打蛋器攪拌。★這個麵糊的糖用量較多，就算砂糖沒完全溶解，麵糊裡還留有糖粒也沒關係。

03

一次加入一顆雞蛋，同時用打蛋器快速攪拌。★必須快速攪拌，以免雞蛋燙熟結塊。

04

倒入篩好的低筋麵粉、泡打粉，用打蛋器攪拌至完全混合。 預熱烤箱

05

完成的麵糊

加入水滴巧克力豆，用刮勺輕輕攪拌均勻。

延伸 B

加入水滴巧克力豆和穀片，用刮勺輕輕攪拌均勻。

06

用兩支湯匙舀取定量的麵糊，取好間距，擺在鋪好烘焙紙的烤盤上。
★餅乾在烘烤過程中會逐漸膨脹，周圍須各留 2cm 的間距。

延伸 A

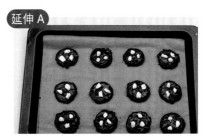

棉花糖切塊，邊長各 1.5cm。用兩支湯匙舀取定量的麵糊，取好間距，擺在鋪好烘焙紙的烤盤上後，將棉花糖放在麵糊上，輕壓固定。

就是倒進擠花袋裡，擠出成型

07

用手指輕輕將麵糊抹平，整型成圓扁狀。★或是將麵糊倒進擠花袋裡，擠成圓扁狀。

08

烤 放進預熱至 180℃ 的烤箱中層，烤 10 分鐘後取出，擺在網架上放涼。★烤到一半將烤盤轉個方向，成色會更均勻。若烤盤不夠大可分兩次烤。

Tip

烘烤的時間長短會影響口感

布朗尼餅乾若只烤 8 分鐘，烤出來的口感就會像軟心布朗尼，有點黏牙。
若烤超過 12 分鐘，就會變成有點酥脆的巧克力餅乾。
烘烤時間可依個人喜好調整，不過若烤超過 15 分鐘，水分就會蒸發太多，
餅乾會變很硬，故請將時間控制在 15 分鐘以內。

椰絲瓦片

香橙瓦片

杏仁瓦片

杏仁瓦片
椰絲瓦片
香橙瓦片

基本款	延伸 A	延伸 B
杏仁瓦片	**椰絲瓦片**	**香橙瓦片**
☐ 蛋白 2 顆	☐ 蛋白 2 顆	☐ 蛋白 2 顆
☐ 砂糖 50g	☐ 砂糖 50g	☐ 砂糖 50g
☐ 低筋麵粉 2 大匙	☐ 低筋麵粉 2 大匙	☐ 低筋麵粉 2 大匙
☐ 杏仁片 100g	☐ 椰絲 70g	☐ 橙皮 1 顆的量
☐ 融化奶油 40g	☐ 融化奶油 40g	☐ 杏仁片 100g
		☐ 融化奶油 40g

所需工具	碗　 打蛋器　 篩網　 烤盤　烤盤布　 湯匙　叉子

事前準備	1. 低筋麵粉過篩。 2. 奶油隔水加熱（或微波加熱）至融化。

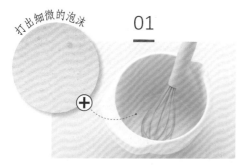

打出細微的泡沫

01

麵糊作法 蛋白裝進碗裡，用打蛋器打出細微的泡沫。

02

加入砂糖，用打蛋器攪拌 30 秒。

03

加入篩好的低筋麵粉、杏仁片、融化奶油，用打蛋器輕輕攪拌。

延伸 A

加入篩好的低筋麵粉、椰絲、融化奶油，用打蛋器輕輕攪拌。

延伸 B

加入篩好的低筋麵粉、杏仁片、橙皮、融化奶油，用打蛋器輕輕攪拌。

04

蓋上保鮮膜，冷藏靜置 30 分鐘。
★可省略此步驟。冷藏靜置會讓奶油凝固，麵糊較好鋪開，做好的麵糊可藏保存 2 天。預熱烤箱

05

用湯匙舀取等量的麵糊，擺到事先鋪上不沾烘焙紙（或烤盤布）的烤盤上。

06

如圖所示，將麵糊攤開鋪成直徑 6cm、厚 0.2cm 的圓形。
★杏仁瓦片烘烤時會逐漸膨脹，周圍須留 1~2cm 的間距。

07

烤 放進預熱至 160℃的烤箱中層，烤 12~15 分鐘，待邊緣呈現金黃色後取出，擺到網架上放涼。★椰絲瓦片較快上色，烤 10~12 分鐘就好。烤到一半可將烤盤轉個方向，成色會更均勻。

奶酥餅乾
＋紅茶奶酥餅乾
＋巧克力奶酥餅乾

奶酥餅乾

巧克力奶酥餅乾

紅茶奶酥餅乾

🧁 直徑 6cm 32 片　🕐 30~45 分鐘　📟 180℃　🗄 密封保存 _ 室溫 10 天

基本款
奶酥餅乾

☐ 軟化奶油 120g
☐ 糖粉 50g
☐ 鹽 ⅛ 小匙
☐ 雞蛋 1 顆
☐ 低筋麵粉 100g
☐ 杏仁粉 50g

延伸 A
紅茶奶酥餅乾

☐ 軟化奶油 120g
☐ 糖粉 50g
☐ 鹽 ⅛ 小匙
☐ 雞蛋 1 顆
☐ 低筋麵粉 100g
☐ 杏仁粉 50g
☐ 紅茶粉（或紅茶茶葉）2g

延伸 B
巧克力奶酥餅乾

☐ 軟化奶油 120g
☐ 糖粉 50g
☐ 鹽 ⅛ 小匙
☐ 雞蛋 1 顆
☐ 低筋麵粉 100g
☐ 杏仁粉 50g
☐ 可可粉 2 大匙
☐ 牛奶 ½ 小匙

所需工具

 碗　 電動攪拌器　 刮勺　 篩網　烤盤　 擠花袋　 星形花嘴

事前準備

1. 取出冷藏的奶油和雞蛋，置於室溫 1 小時。
2. 低筋麵粉和杏仁粉一起過篩。
　（延伸食譜的粉類材料也需過篩。）
3. 擠花袋裝上星形花嘴。

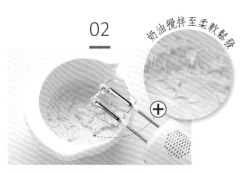

或用鉛筆在背面畫圓

01

烤盤預備 烤盤鋪好烘焙紙，用直徑 4cm 的圓形餅乾模沾麵粉，在烘焙紙上蓋出痕跡，圓的周圍各留 2cm 的間距。★或用鉛筆在背面畫圓，熟練後可省略此步驟。

奶油攪拌至柔軟鬆發

02

麵糊作法 奶油裝進大碗裡，用電動攪拌器低速攪拌 20~30 秒。
★攪拌至奶油像美乃滋般柔軟，且碗壁上的奶油呈現尖錐狀。 預熱烤箱

先用刮勺攪拌糖粉

03

加入糖粉、鹽，用電動攪拌器低速攪拌 30 秒。★加入糖粉後先用刮勺輕輕攪拌，再換用電動攪拌器，糖粉才不會到處飛揚。

04

加入雞蛋，用電動攪拌器低速攪拌 40~50 秒。

05

倒入篩好的粉類材料，邊轉動碗，邊用刮勺切拌麵糊，攪拌至完全混合。★用刮勺切拌可減少麵筋產生，才不會做出太硬的餅乾。

延伸 A

倒入篩好的低筋麵粉、杏仁粉、紅茶粉，邊轉動碗，邊用刮勺切拌麵糊，攪拌至完全混合。

延伸 B

倒入篩好的低筋麵粉、杏仁粉、可可粉和牛奶，邊轉動碗，邊用刮勺切拌麵糊，攪拌至完全混合。

巧克力奶酥餅乾和莓果醬很搭唷

06

將 ⅓ 的麵糊裝進擠花袋裡，如圖所示，沿著①的記號擠成圓形。★中間若要塗果醬可不留洞。若麵糊太軟，可先冷藏靜置 30 分鐘後再擠。

07

烤 放進預熱至 180℃的烤箱中層，烤 10~13 分鐘後，擺到網架上放涼。★烤到一半將烤盤轉個方向，成色會更均勻。若烤盤不夠大可分兩次烤。

馬卡龍
＋巧克力馬卡龍
＋香橙馬卡龍

香橙馬卡龍

巧克力馬卡龍

馬卡龍

直徑 4cm 25 個　⏱ 40~50 分鐘（＋麵糊晾乾 1 小時）　🔲 145℃

馬卡龍餅皮：密封保存 _ 室溫 2~3 天／夾心後的馬卡龍：密封保存 _3~5℃冷藏 3~7 天

基本款	延伸 A	延伸 B
馬卡龍	**巧克力馬卡龍**	**香橙馬卡龍**

基本款
馬卡龍

- ☐ 杏仁粉 100g
- ☐ 糖粉 100g
- ☐ 蛋白 A 1 顆（40g）
- ☐ 蛋白 B 1 顆（40g）
- ☐ 水 25ml
- ☐ 砂糖 100g

奶油餡
- ☐ 軟化奶油 100g
- ☐ 糖粉 50g
- ☐ 鮮奶油 2 大匙

延伸 A
巧克力馬卡龍

- ☐ 杏仁粉 100g
- ☐ 糖粉 100g
- ☐ 可可粉 1 小匙
- ☐ 蛋白 A 1 顆（40g）
- ☐ 蛋白 B 1 顆（40g）
- ☐ 水 25ml
- ☐ 砂糖 100g

甘納許
- ☐ 調溫黑巧克力 110g
- ☐ 鮮奶油 80ml
- ☐ 果糖 8g
- ★甘納許作法請見 p56，
  延伸 A-1~ 延伸 A-4。

延伸 B
香橙馬卡龍

- ☐ 杏仁粉 100g
- ☐ 糖粉 100g
- ☐ 蛋白 A 1 顆（40g）
- ☐ 蛋白 B 1 顆（40g）
- ☐ 水 25ml
- ☐ 砂糖 100g
- ☐ 橙皮 ¼ 顆的量

香橙奶油餡
- ☐ 軟化奶油 100g
- ☐ 糖粉 50g
- ☐ 鮮奶油 30ml
- ☐ 橙皮 ½ 顆的量
- ☐ 柳橙汁 ½ 顆的量

所需工具							
	食物調理機	碗	刮勺	電動攪拌器	篩網	烤盤	擠花袋　圓形花嘴

事前準備

1. 取出冷藏的奶油和雞蛋，置於室溫 1 小時。
2. 擠花袋裝上圓形花嘴。
3. 烤盤鋪好烘焙紙，用直徑 4cm 的圓形餅乾模沾麵粉（或糖粉）印出痕跡，
   圓的周圍各留 2cm 的間距。★詳見 p52 步驟①。

01

奶油餡作法 奶油、糖粉、鮮奶油倒進碗裡，用電動攪拌器高速打發 5 分鐘以上。

延伸 B

香橙奶油餡作法 奶油、糖粉、鮮奶油、橙皮、柳橙汁倒進碗裡，用電動攪拌器高速打發 5 分鐘以上。

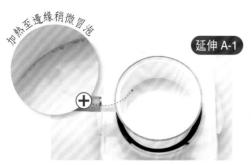

延伸 A-1

甘納許作法 鮮奶油倒入鍋中,用中火加熱至邊緣稍微冒泡,關火。

加熱至邊緣稍微冒泡

延伸 A-2

加入切碎後的調溫黑巧克力,用打蛋器攪拌融化。

延伸 A-3

加入果糖,輕輕攪拌。

延伸 A-4

將甘納許倒進碗裡,讓甘納許在室溫下冷卻凝固,直到變成奶油般柔軟且流動遲緩。★溫度降太低難以擠出時,只要放到溫水中隔水加熱,讓甘納許稍微融化即可。

02

麵糊作法 杏仁粉和糖粉倒進食物調理機裡磨成細末。
★若不磨成細末,做出來的馬卡龍表面不夠光滑,且容易失敗。

延伸 A

杏仁粉、糖粉、可可粉倒進食物調理機磨成細末。

03

②的粉末篩進碗裡，加入蛋白 A。刮勺沿著碗壁將麵糊刮進來，壓一下，拌勻。★食用色素可和蛋白一起加入麵糊裡調色。

延伸 A

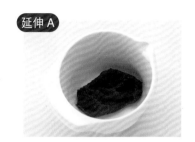

②的延伸 A 篩進碗裡，加入蛋白 A，用刮勺沿著碗壁將麵糊刮進來，壓一下，拌勻。

延伸 B

②的粉末篩進碗裡，加入蛋白 A 和瀝乾的橙皮，用刮勺沿著碗壁將麵糊刮進來，壓一下，拌勻。

04

打發至蛋白豎成錐狀

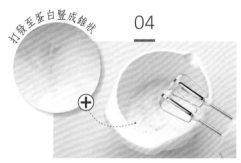

蛋白 B 裝進另一個碗裡，用電動攪拌器的中速打發 40~50 秒。
★打發至電動攪拌器提起時，碗中央的蛋白會豎立成錐狀。

05

水和砂糖倒進厚底鍋，用中小火加熱，可傾斜轉動鍋子，讓糖融解。加熱至沸騰冒泡，再多熱 40~50 秒。★讓砂糖自然溶解，勿用刮勺攪拌，以免產生糖結晶。若有溫度計，糖水的溫度加熱至 118~120℃即可。

06

尾端稍微挺立的蛋白霜

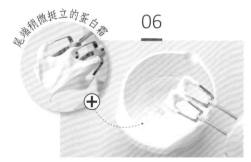

將⑤慢慢倒入④的碗裡，用電動攪拌器的高速打發 2 分鐘。
★打發至電動攪拌器提起時，蛋白霜尾端稍微挺立即可。

07

確認可否堆疊成階梯狀

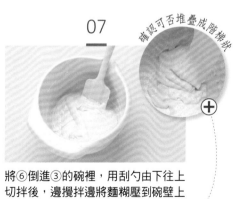

將⑥倒進③的碗裡，用刮勺由下往上切拌後，邊攪拌邊將麵糊壓到碗壁上攤平消泡。★攪拌至麵糊舀起後可緩緩流下，且可堆疊成階梯狀，才是適當的濃度。

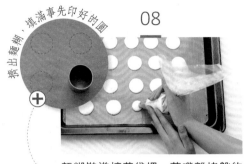

擠出麵糊，填滿事先印好的圓

08

麵糊裝進擠花袋裡，花嘴離烤盤約
1cm，擠出麵糊，填滿事先印好的
圓。★擠好麵糊後，小心地抬起烤
盤，用手掌輕拍烤盤背面，讓上面的
麵糊滑順攤開。

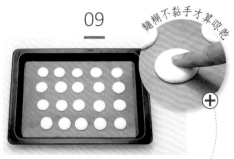

麵糊不黏手才算晾乾

09

置於室溫下 1 小時，讓麵糊晾乾。
★伸手試摸，麵糊不黏手才算晾乾。
晾乾時間易受季節和濕度影響。若攪
拌過度導致麵糊太稀，須延長晾乾的
時間。 預熱烤箱

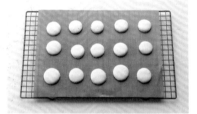

10

烤 放進預熱至 160℃的烤箱中層，
用 145℃的溫度烘烤 10~12 分鐘。
★從烤箱取出後，讓餅皮留在烘焙紙
上完全冷卻再拿下來。

11

奶油餡（或甘納許）裝進擠花袋裡，
擠在半邊馬卡龍餅皮內側，再用另外
半邊的馬卡龍餅皮輕壓蓋上。
★內餡建議擠在中間，以免露餡。

Tip

製作馬卡龍的注意事項

步驟④打發至蛋白豎立，以及步驟⑦刮壓讓馬卡龍消泡都是重點。
若消泡過度，馬卡龍就會塌掉，但若氣泡殘留太多，馬卡龍雖能成功膨脹，
卻容易出現表皮裂開、長不出蕾絲裙邊（feet）、裡面中空或表面粗糙等情況。
做好的麵糊有光澤、舀起後可緩緩流下，
堆疊成階梯狀，才是最適當的濃度。

擠
的
餅
乾

小泡芙
＋餅乾泡芙
＋閃電泡芙

閃電泡芙

小泡芙

餅乾泡芙

基本款
小泡芙

☐ 水 90ml
☐ 鹽⅛小匙
☐ 奶油 40g
☐ 低筋麵粉 50g
☐ 雞蛋 2 顆（90~100g）

卡士達醬
☐ 蛋黃 2 顆
☐ 砂糖 60g
☐ 玉米粉 30g
☐ 牛奶 300ml
☐ 奶油 10g

延伸 A
餅乾泡芙

☐ 水 90ml
☐ 鹽⅛小匙
☐ 奶油 40g
☐ 低筋麵粉 60g
☐ 雞蛋 2 顆（90~100g）

卡士達醬
☐ 蛋黃 2 顆
☐ 砂糖 60g
☐ 玉米粉 30g
☐ 牛奶 300ml
☐ 奶油 10g

餅乾皮
☐ 奶油 30g
☐ 砂糖 30g
☐ 低筋麵粉 30g
☐ 杏仁粉 20g
★餅乾皮作法請見 p60，
　延伸 A-1~A-2。

延伸 B
閃電泡芙

☐ 水 90ml
☐ 鹽⅛小匙
☐ 奶油 40g
☐ 低筋麵粉 60g
☐ 雞蛋 2 顆（90~100g）

卡士達醬
☐ 蛋黃 2 顆
☐ 砂糖 60g
☐ 玉米粉 30g
☐ 牛奶 300ml
☐ 調溫黑巧克力 50g

裝飾
☐ 塗在表層的黑巧克力 100g

| 所需工具 | 碗 | 打蛋器 | 刮勺 | 鍋子 | 篩網 | 烤盤 | 擠花袋 | 圓形花嘴 |

事前準備
1. 低筋麵粉過篩。
2. 做泡芙所需的兩顆雞蛋打在碗裡，用叉子打散。
3. 擠花袋裝上圓形花嘴。

延伸 A-1

餅乾皮作法 奶油、砂糖、篩好的低筋麵粉、杏仁粉一起裝在碗裡，用電動攪拌器低速攪拌 1 分鐘，讓麵糊結成一團，再裝進食物保鮮袋裡壓扁，冷藏靜置約 1 小時。

延伸 A-2

取出步驟①的冷藏麵團，上下各鋪一層塑膠袋，用桿麵棍桿開成厚 0.3cm，再用直徑 4cm 的圓形餅乾模沾點麵粉，壓出圖形。★如何用餅乾模壓出漂亮的形狀，請見 p27。

01

卡士達醬作法 蛋黃裝在碗裡,用打蛋器打散後,倒入砂糖繼續攪拌30~40秒,再倒入玉米粉輕輕攪拌。

02

加熱至邊緣稍微沸騰

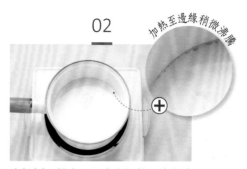

牛奶倒入鍋中,用小火加熱至邊緣稍微沸騰。

03

將②慢慢倒入①的碗裡,邊倒邊用打蛋器快速攪拌。★若一下子就把熱牛奶全倒進去,蛋黃可能會被燙熟、結塊,務必慢慢倒入並快速攪拌。

04

將③倒入鍋中,以中火加熱1分30秒~2分鐘,同時用打蛋器快速攪拌。★鍋底和鍋邊的麵糊容易燒焦,須用打蛋器不停攪拌均勻。

05

加熱至醬料變得有光澤、中間也開始沸騰冒泡即可關火,加入奶油,用打蛋器攪拌融化。★卡士達醬若有結塊,可用篩網篩除。

延伸 B

加熱至醬料變得有光澤、中間也開始沸騰冒泡即可關火,加入切碎的調溫黑巧克力,用打蛋器攪拌融化。

06

將卡士達醬倒入寬大平坦的容器裡，蓋上保鮮膜，讓保鮮膜緊貼卡士達醬，冷藏至完全冷卻。★盡可能讓保鮮膜緊貼卡士達醬，別讓醬料接觸到空氣，並快速降溫，以免細菌滋生。

07

麵糊作法 將水和鹽倒進鍋中，大火加熱至邊緣沸騰冒泡再關火，加入奶油，使其融化。 預熱烤箱

08

確認底部出現薄膜

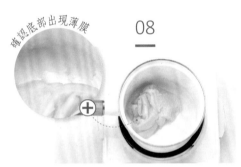

倒入篩好的低筋麵粉，用刮勺攪拌均勻，直到麵糊結成一團，再開中小火，邊攪拌邊加熱 2 分鐘。
★加熱攪拌至麵糊變得有光澤，底部出現薄膜，觸感滑溜就完成了。

09

麵糊緩緩垂下，呈倒三角形

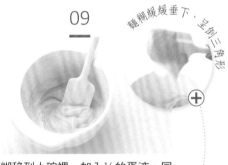

麵糊移到大碗裡，加入¼的蛋液，同時用刮勺用力快速攪拌，直到麵糊結成一團。重複此步驟 4 次。
★如圖所示，攪拌至提起麵糊時，麵糊會緩緩垂下，形成倒三角形。

10

麵糊裝進擠花袋裡，花嘴距離烤盤 1cm，垂直擠出直徑 5cm，高 3cm 的圓形。
★麵糊烘烤時會逐漸膨脹，周圍須各留 3cm 的間距。

延伸 A

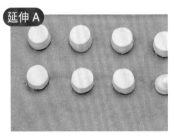

花嘴距離烤盤 2cm，垂直擠出直徑 8cm，高 3cm 的圓形，頂部擺上餅乾皮。
★麵糊烘烤時會逐漸膨脹，周圍須各留 5cm 的間距。

延伸 B

花嘴距離烤盤 0.5cm，傾斜 45 度角，擠出長 12cm，高 1.5cm 的麵糊。
★麵糊烘烤時會逐漸膨脹，周圍須各留 2.5cm 的間距。

11

烤 麵糊表面灑點水（餅乾泡芙除外），放進預熱至 180℃的烤箱中層，烤 15~20 分鐘後，調溫至 160℃，續烤 10~15 分鐘。烤好後擺到網架上放涼。★中途勿打開烤箱，因溫度下降可能造成泡芙塌陷。

12

⑥的卡士達醬完全冷卻後用打蛋器輕輕打散，裝進擠花袋裡，尖端剪掉 1cm。

13

用筷子戳個洞

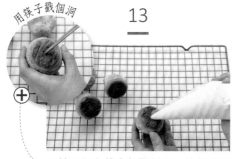

用筷子在泡芙底部戳個洞，擠花袋伸進洞裡填滿卡士達醬。
★餅乾泡芙也用同樣方式填滿。

延伸 B

閃電泡芙底部兩端分別用筷子戳個洞，擠花袋伸進洞裡填滿巧克力卡士達醬。塗層用的黑巧克力隔水加熱融化後，用湯匙塗在閃電泡芙表面。

Tip

用微波爐作卡士達醬

卡士達醬做完步驟③，裝進耐熱器皿，微波加熱（700W），
每次 30 秒，共 8~10 次，而且每微波 30 秒就需取出用打蛋器攪拌均勻，
重複加熱攪拌至卡士達醬如蛋糕的鮮奶油般濃稠，
再用保鮮膜緊貼卡士達醬封起來，冷藏至完全冷卻。

達克瓦茲

＋抹茶達克瓦茲

＋摩卡達克瓦茲

摩卡達克瓦茲

達克瓦茲

抹茶達克瓦茲

長 6.5×寬 3cm 12 條 ⏱ 30~40 分鐘 🔥 180℃ 📦 密封保存 _ 室溫 7 天

基本款	延伸 A	延伸 B

達克瓦茲

☐ 蛋白 2 顆
☐ 砂糖 20g
☐ 杏仁粉 40g
☐ 糖粉 30g
☐ 低筋麵粉 20g

裝飾
☐ 糖粉 2 大匙

甘納許
☐ 調溫黑巧克力 90g
☐ 鮮奶油 65ml
☐ 果糖 1 小匙

抹茶達克瓦茲

☐ 蛋白 2 顆
☐ 砂糖 20g
☐ 杏仁粉 40g
☐ 糖粉 30g
☐ 低筋麵粉 20g
☐ 綠茶粉 ½ 小匙

裝飾
☐ 糖粉 2 大匙

甘納許
☐ 調溫黑巧克力 90g
☐ 鮮奶油 65ml
☐ 果糖 1 小匙

摩卡達克瓦茲

☐ 蛋白 2 顆
☐ 砂糖 20g
☐ 杏仁粉 40g
☐ 糖粉 30g
☐ 低筋麵粉 20g
☐ 即溶咖啡細粉 ½ 小匙

裝飾
☐ 糖粉 2 大匙

甘納許
☐ 調溫黑巧克力 90g
☐ 鮮奶油 65ml
☐ 果糖 1 小匙

所需工具	碗	電動攪拌器	刮勺	篩網	烤盤	擠花袋	圓形花嘴	鍋子

事前準備

1. 杏仁粉、糖粉、低筋麵粉一起過篩。
   （延伸食譜的粉類材料也需過篩。）
2. 擠花袋裝上圓形花嘴。
3. 調溫黑巧克力切碎。

01

麵糊作法 蛋白裝在大碗裡，用電動攪拌器低速打發 30~50 秒，直到出現小氣泡。 預熱烤箱

02

打發至碗中蛋白成尖錐狀

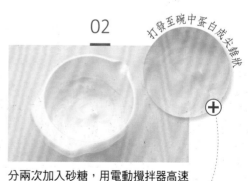

分兩次加入砂糖，用電動攪拌器高速打發 1 分 20 秒 ~1 分 40 秒。
★打發至攪拌器提起時，碗中央的蛋白會挺立成尖錐狀。

03

倒入篩好的杏仁粉、糖粉、低筋麵粉，用刮勺由下往上快速切拌。

延伸 A

倒入篩好的杏仁粉、糖粉、低筋麵粉、綠茶粉，用刮勺由下往上快速切拌。

延伸 B

倒入篩好的杏仁粉、糖粉、低筋麵粉、即溶咖啡粉，用刮勺由下往上快速切拌。★若使用的是顆粒較粗的即溶咖啡粉，可先用湯匙背面將咖啡粉壓碎。

04

擠花袋套好圓形花嘴，再將③麵糊裝進袋裡。

05

擠花袋傾斜 45 度，在鋪好烘焙紙的烤盤上擠出長 6cm、寬 3cm 的麵糊，收尾時稍微向上提起。★麵糊烘烤會膨脹，周圍須各留 3cm 的間距。若烤盤不夠大可分兩次烤。

06

讓糖粉布滿麵糊表面

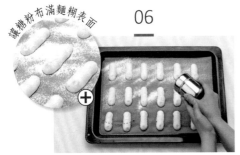

拿支小篩網將糖粉篩在麵糊表面，來回篩 2~3 次，讓糖粉布滿。
★麵糊表面須布滿糖粉，烤好後才會有酥脆的口感。

07

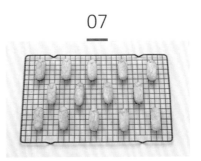

烤 放進預熱至 180℃的烤箱中層，烤 10~12 分鐘後，等稍微冷卻再將達克瓦茲擺到網架上放涼。

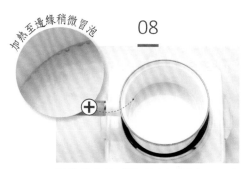

加熱至邊緣稍微冒泡

08

甘納許作法 鮮奶油倒入鍋中,以中火加熱至邊緣稍微冒泡再關火。

09

加入切碎的調溫黑巧克力,融化後再倒入果糖拌勻。

10

將甘納許倒入碗裡,置於室溫下冷卻凝固,直至甘納許像打發的鮮奶油般柔軟黏稠。★若溫度降太低難以擠出,只要放到溫水中隔水加熱,讓甘納許稍微融化即可。

11

將甘納許裝進擠花袋裡,尖端剪掉1cm,擠在半邊的達克瓦茲內側,再輕壓蓋上另外半邊的達克瓦茲。
★甘納許須擠在達克瓦茲中間,以免露餡。

Tip

適合搭配達克瓦茲的摩卡奶油餡

軟化奶油 50g、糖粉 25g、鮮奶油 1 大匙、即溶咖啡粉 1 小匙,
倒入碗中,用電動攪拌器高速打發 5 分鐘以上,
直到變成像打發的鮮奶油般柔軟濃稠。做好的摩卡奶油餡裝進擠花袋裡,
擠在半邊的達克瓦茲內側(約各 2g),再輕壓蓋上另外半邊的達克瓦茲。

奶油酥餅
＋蔓越莓奶油酥餅
＋南瓜奶油酥餅

南瓜奶油酥餅

奶油酥餅

蔓越莓奶油酥餅

直徑 4.5cm 20~22 片　⏲ 35~45 分鐘（＋靜置 1 小時 30 分鐘）　180℃　密封保存 _ 室溫 10 天
麵團：保鮮膜 _ 冷凍 15 天

基本款
奶油酥餅

☐ 軟化奶油 125g
☐ 糖粉 60g
☐ 鹽 ⅛ 小匙
☐ 蛋黃 1 顆
☐ 低筋麵粉 170g

裝飾（可省略）
☐ 砂糖少許

延伸 A
蔓越莓奶油酥餅

☐ 軟化奶油 125g
☐ 糖粉 60g
☐ 鹽 ⅛ 小匙
☐ 蛋黃 1 顆
☐ 低筋麵粉 170g
☐ 蔓越莓乾 25g

裝飾（可省略）
☐ 砂糖少許

延伸 B
南瓜奶油酥餅

☐ 軟化奶油 125g
☐ 糖粉 60g
☐ 鹽 ⅛ 小匙
☐ 蛋黃 1 顆
☐ 低筋麵粉 170g
☐ 南瓜粉 10g

裝飾（可省略）
☐ 砂糖少許
☐ 南瓜子（或葵瓜子）15g

所需工具					
	碗	電動攪拌器	刮勺	篩網	烤盤　刀子

事前準備	1. 取出冷藏的奶油，置於室溫 1 小時。 2. 低筋麵粉過篩。 　（延伸食譜的粉類材料也需過篩。）

01

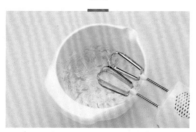

麵團作法 奶油裝在大碗裡，用電動
攪拌器低速攪拌 20~30 秒。
★攪拌至奶油變成美乃滋般柔軟。

02

用刮勺將碗邊的麵糊刮到中間。
★直到步驟⑤為止，都須常常將碗邊的
麵糊刮到中間，才能充分攪拌均勻。

糖粉先用刮勺攪拌

03

倒入糖粉、鹽，用電動攪拌器低速攪拌 15~30 分鐘。★倒入糖粉後，先用刮勺輕輕攪拌再換電動攪拌器，糖粉才不會四處飛揚。

04

加入蛋黃，用電動攪拌器低速攪拌 15~30 秒。

05

加入篩好的低筋麵粉。邊轉動碗邊用刮勺切拌，直到完全拌勻。★用刮勺切拌可減少麵筋產生，以免做出來的餅乾太硬。

延伸 A

加入篩好的低筋麵粉，邊轉動碗邊用刮勺切拌。攪拌至 80% 時，加入切碎的蔓越莓乾，輕輕攪拌。

延伸 B

加入篩好的低筋麵粉、南瓜粉，邊轉動碗邊用刮勺切拌，直到完全拌勻。

06

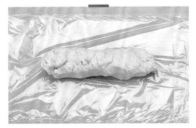

將麵糊倒到保鮮膜上，鋪成一長條，裹起後用手將麵糊整成直徑 2.5cm 的圓筒狀，冷藏靜置 20~30 分鐘。

07

將⑥的麵糊前後滾動，凹凸不平處用手抹平，再冷凍靜置 1 小時以上。

08

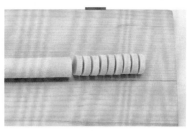

⑦結凍成麵團，置於室溫下解凍 5 分鐘。裝飾用的砂糖撒在大托盤上，再將麵團放到托盤上來回滾動，讓麵團均勻沾裹砂糖。★亦可省略沾糖步驟。 預熱烤箱

09

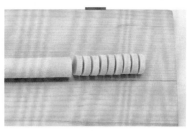

⑧的麵團切片，每片厚 1cm。
★須盡快切好，麵團若過於融化變軟會讓烤出來的餅乾變形，口感也沒那麼酥脆。

10

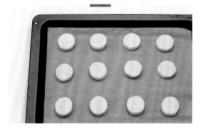

擺在鋪好烘焙紙的烤盤上，取好間距。★餅乾烘烤時會逐漸膨脹，周圍須各留 2cm 的間距。

11

烤 放進預熱至 180℃的烤箱中層，烤 12~15 分鐘後，擺到網架上放涼。
★烤到一半將烤盤轉向，成色會更均勻。若烤盤不夠大可分兩次烤。

Tip

如何做出大小一致的奶油酥餅

步驟⑥將麵糊用保鮮膜裹起後，做成圓柱狀，放進保鮮膜的滾筒裡，
上下搖晃十幾下讓麵糊定型，再直接放進冰箱冷凍靜置 1 小時以上。
或將麵糊裝到食物保鮮袋裡，用長尺整成四方形，就能做出大小一致的餅乾了。

如何做出口感酥脆的奶油酥餅

利用冰奶油和食物調理機，就能做出更酥脆一點的奶油酥餅。
冰奶油 125g 切成邊長 1cm 的立方體、糖粉 60g、鹽⅛小匙、蛋黃 1 顆、
篩好的低筋麵粉 170g，全部倒進食物調理機攪拌至結成團，再開始做步驟⑥，
將麵團整成圓筒狀，省略冷藏靜置的步驟，用同樣的方法烘烤。
延伸食譜也可用同樣的方法製作。

義式脆餅

＋巧克力義式脆餅
＋檸檬開心果義式脆餅

檸檬開心果義式脆餅

巧克力義式脆餅

義式脆餅

長9.5×厚1.5cm 28片　　1小時~1小時10分鐘　　180℃　　密封保存_室溫2週

基本款
義式脆餅

- □ 軟化奶油 50g
- □ 砂糖 70g
- □ 鹽 ⅛ 小匙
- □ 雞蛋 1 顆
- □ 低筋麵粉 200g
- □ 杏仁粉 50g
- □ 泡打粉 ½ 小匙
- □ 蔓越莓乾 50g
- □ 杏仁 50g
- □ 牛奶 2 大匙

延伸 A
巧克力義式脆餅

- □ 軟化奶油 50g
- □ 砂糖 70g
- □ 鹽 ⅛ 小匙
- □ 雞蛋 1 顆
- □ 低筋麵粉 180g
- □ 杏仁粉 50g
- □ 可可粉 2 大匙
- □ 泡打粉 ½ 小匙
- □ 水滴巧克力豆 50g
- □ 杏仁 50g
- □ 牛奶 2 大匙

延伸 B
檸檬開心果義式脆餅

- □ 軟化奶油 50g
- □ 砂糖 70g
- □ 鹽 ⅛ 小匙
- □ 檸檬汁 2 大匙
- □ 雞蛋 1 顆
- □ 低筋麵粉 200g
- □ 杏仁粉 50g
- □ 泡打粉 ½ 小匙
- □ 檸檬皮 50g
- □ 開心果 50g

所需工具

碗　　電動攪拌器　　刮勺　　篩網　　烤盤　　刀子

事前準備
1. 取出冷藏的奶油和雞蛋，置於室溫 1 小時。
2. 低筋麵粉、杏仁粉、泡打粉一起過篩。
　（延伸食譜的粉類材料也需過篩。）

01

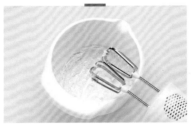

麵團作法 奶油放進大碗裡，用電動攪拌器低速攪拌 20~30 秒。★攪拌至奶油變成美乃滋般柔軟。 預熱烤箱

02

用刮勺將碗邊的麵糊刮到中間。
★直到步驟⑤為止，都須常將碗邊的麵糊刮到中間，才能充分攪拌均勻。

03

倒入砂糖、鹽，用電動攪拌器低速攪拌 30 秒，再倒入雞蛋攪拌 30 秒。

延伸 B

倒入砂糖、鹽、檸檬汁，用電動攪拌器低速攪拌 30 秒，再倒入雞蛋，繼續攪拌 30 秒。

04

加入篩好的低筋麵粉、杏仁粉、泡打粉，邊轉動碗邊用刮勺切拌，攪拌至 80% 程度。★用刮勺切拌可減少麵筋產生，以免做出太硬的餅乾。

延伸 A

加入篩好的低筋麵粉、杏仁粉、可可粉、泡打粉，邊轉動碗邊用刮勺切拌，攪拌至 80% 程度。

05

加入蔓越莓乾、杏仁、牛奶，用刮勺攪拌均勻成團。

延伸 A

加入水滴巧克力豆、杏仁、牛奶，用刮勺拌勻成團。

延伸 B

加入檸檬皮、開心果，用刮勺拌勻成團。

06

手上抹好防黏粉，將麵團分為兩等分，各自整成 8.5×12×1.5cm 的長方體，放到鋪好烘焙紙的烤盤上。

07

烤 放進預熱至 180℃的烤箱中層烤 30 分鐘後，擺到網架上，置於室溫下 20~30 分鐘放涼。★用手摸摸看，溫度降到略高於體溫即可。

08

用刀子切片，切成各 1.5cm 寬。★義式脆餅要用無鋸齒的刀子，由上而下一氣呵成切好才不會碎裂。

09

餅乾取好間距，擺到鋪好烘焙紙的烤盤上，放進預熱至 180℃的烤箱中層烤 25 分鐘。★烤盤若不夠大可分兩次烤。

10

打開烤箱，將義式脆餅翻面，再烤 10 分鐘。★將義式脆餅翻面能讓兩面的成色更均勻。翻面時請小心，別被餅乾燙傷。

Tip

簡易義式脆餅烘焙法

在步驟⑨的烤盤上架好烤網，再擺上義式脆餅，取好間距，這樣熱氣就能上下流通，即使省略翻面的步驟也能烤得均勻。

司康

＋藍莓優格司康
＋洋蔥培根司康

司康

藍莓優格司康

洋蔥培根司康

切的餅乾

基本款	延伸 A	延伸 B
司康	**藍莓優格司康**	**洋蔥培根司康**
☐ 蔓越莓乾 40g	☐ 藍莓乾 70g	☐ 洋蔥 50g
☐ 蘭姆酒（醃漬蔓越莓用） 1 小匙	☐ 蘭姆酒（醃漬藍莓用） 1 小匙	☐ 培根 40g
☐ 低筋麵粉 270g	☐ 低筋麵粉 270g	☐ 食用油½小匙
☐ 泡打粉½大匙	☐ 泡打粉½大匙	☐ 鹽⅛小匙
☐ 砂糖 70g	☐ 砂糖 70g	☐ 胡椒粉⅛小匙
☐ 鹽½小匙	☐ 鹽½小匙	☐ 低筋麵粉 270g
☐ 冰奶油 110g	☐ 冰奶油 110g	☐ 泡打粉½大匙
☐ 鮮奶油（或牛奶）150ml	☐ 牛奶 75ml	☐ 砂糖 70g
☐ 碎核桃 20g（可省略）	☐ 罐裝原味優格 80ml	☐ 鹽½小匙
☐ 牛奶 2 大匙（可省略）	☐ 牛奶 2 大匙（可省略）	☐ 冰奶油 110g
		☐ 鮮奶油（或牛奶）150ml
		☐ 牛奶 2 大匙（可省略）

所需工具	碗	刮板	篩網	烤盤	刷子

事前準備
1. 冰奶油切成邊長 1cm 的立方體。
2. 低筋麵粉、泡打粉一起過篩。

01

醃漬蔓越莓 蔓越莓乾和蘭姆酒一起倒入碗裡輕輕攪拌，醃漬 30 分鐘。★醃漬時用湯匙偶爾攪拌一下，會更均勻入味。或用檸檬汁 ½ 小匙＋水 ½ 小匙＋砂糖 ¼ 小匙取代蘭姆酒。

延伸 A

藍莓乾和蘭姆酒一起倒入碗裡輕輕攪拌後，醃漬 30 分鐘。

延伸 B

洋蔥和培根切成 1cm 大小，熱鍋後，倒入食用油，再加入洋蔥和培根，以小火拌炒 3 分 30 秒 ~4 分鐘，加入鹽和胡椒粉調味。盛起放在廚房紙巾上吸油冷卻。

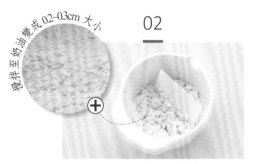

攪拌至奶油變成 02-03cm 大小

02

麵團作法 篩好的低筋麵粉和泡打粉、砂糖、鹽、奶油倒入碗裡，用刮板上下切壓攪拌，直到奶油變成0.2~0.3cm 的大小。

03

用刮板將黏在碗底的麵團刮起來，集中在一起。
★一直到步驟⑤都要常將碗底的麵團刮起來集中，才能攪拌均勻。

04

攪拌至麵團變成疏鬆的顆粒狀，再倒入鮮奶油，邊轉動碗，邊用刮板切拌。 預熱烤箱

延伸 A

攪拌至麵團變成疏鬆的顆粒狀，再倒入牛奶和罐裝原味優格，邊轉動碗，邊用刮板切拌。

05

加入醃過的蔓越莓、核桃，輕輕攪拌後，用刮板將麵團攪拌成團。★注意，此步驟若攪拌過度，做出來的司康就會太硬。

延伸 A

加入用蘭姆酒醃漬好的藍莓，輕輕攪拌後，用刮板將麵團攪拌成團。

延伸 B

加入炒好的洋蔥和培根，輕輕攪拌後，用刮板將麵團攪拌成團。

06

將麵團分成兩等分，擺到撒好防黏粉的砧板或工作檯上，用手滾成厚 4cm 的圓形。

07

各用刮板切成六等分。

08

將麵團擺到鋪好烘焙紙的烤盤上，取好間距。★司康在烘烤過程中會逐漸膨脹，周圍須各留 3cm 的間距。

09

頂部用刷子刷上牛奶。
★刷上牛奶可讓烤出來的司康更有光澤，看起來更可口。

10

烤 放進預熱至 180℃ 的烤箱中層，烤 25 分鐘後，擺到網架上放涼。
★烤到一半將烤盤轉向，成色會更均勻。若烤盤不夠大可分兩次烤。

Tip

用食物調理機輕鬆做好麵團
若覺得用刮板將奶油切碎不容易，
不妨用食物調理機輕鬆做出麵團。
將篩好的低筋麵粉、泡打粉、砂糖、
鹽、奶油放進食物調理機，
攪拌至奶油變成 0.2~0.3cm
的顆粒再倒進碗裡，
從步驟④開始做就好囉。

餅乾棒

＋起司餅乾棒
＋黑芝麻餅乾棒

餅乾棒

黑芝麻餅乾棒

起司餅乾棒

長 10 × 寬 1.5cm 40 條　⏱ 40~55 分鐘（＋靜置 1 小時）　180℃　密封保存 _ 室溫 7 天

基本款	延伸 A	延伸 B
餅乾棒	**起司餅乾棒**	**黑芝麻餅乾棒**

基本款
餅乾棒
- ☐ 低筋麵粉 200g
- ☐ 砂糖 1 大匙
- ☐ 鹽⅛小匙
- ☐ 冰奶油 150g
- ☐ 冰水 75ml

蛋液
- ☐ 蛋黃 1 顆
- ☐ 牛奶 1 大匙

裝飾
- ☐ 砂糖 20g
- ☐ 杏仁片 30g

延伸 A
起司餅乾棒
- ☐ 低筋麵粉 200g
- ☐ 砂糖 1 大匙
- ☐ 鹽⅛小匙
- ☐ 冰奶油 150g
- ☐ 冰水 75ml

蛋液
- ☐ 蛋黃 1 顆
- ☐ 牛奶 1 大匙

裝飾
- ☐ 帕瑪森起司粉 30g

延伸 B
黑芝麻餅乾棒
- ☐ 低筋麵粉 200g
- ☐ 砂糖 1 大匙
- ☐ 鹽⅛小匙
- ☐ 冰奶油 150g
- ☐ 冰水 75ml
- ☐ 黑芝麻（或芝麻）25g

所需工具					
碗	刮板	篩網	桿麵棍	刀子	烤盤

事前準備
1. 冰奶油切成邊長 1cm 的立方體。
2. 低筋麵粉過篩。

01
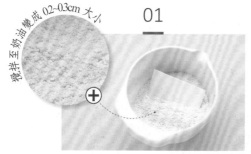
麵團作法 篩好的低筋麵粉和砂糖、鹽、奶油倒進碗裡，用刮板切壓攪拌至奶油變成 0.2~0.3cm 的大小。

02

麵團變成疏鬆的顆粒狀時，均勻倒入冰水，邊轉動碗，邊用刮板切拌。

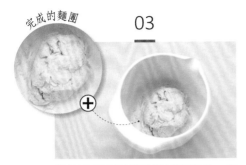

完成的麵團

03

攪拌至看不見粉類材料的顆粒後,用刮板將麵團集結成一團。
★注意,此步驟若攪拌過度,做出來的餅乾棒就會太硬。

延伸 B

粉類材料攪拌至 80% 時,拌入黑芝麻,繼續用刮板攪拌至麵團成團。

04

將麵團放到撒好防黏粉的砧板或工作檯上,用手壓扁,再用刮板切成 2 等分。

05

麵團交疊

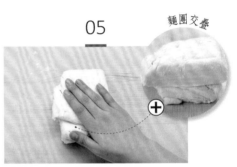

如圖所示,將兩塊麵團交疊,用手壓扁,再切開交疊,重複此步驟四次。
★做這個步驟速度要快,以免奶油被手的溫度融化。

06

⑤的麵團裝進食物保鮮袋裡,壓扁後冷藏靜置約 1 小時。

07

適時撒些防黏粉

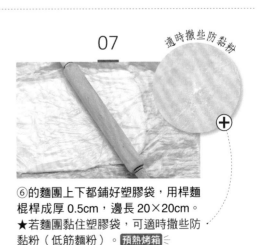

⑥的麵團上下都鋪好塑膠袋,用桿麵棍桿成厚 0.5cm,邊長 20×20cm。
★若麵團黏住塑膠袋,可適時撒些防黏粉(低筋麵粉)。預熱烤箱

08

表面塗抹上蛋液，均勻撒上砂糖和杏仁片。

延伸 A

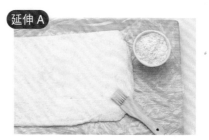

表面塗抹上蛋液，均勻撒上帕瑪森起司粉。

09

做成螺旋狀也不錯唷

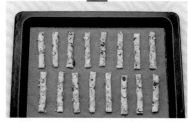

分割成長 10cm、寬 1cm 的長條狀。
★切好後可用雙手各拉住麵條兩端轉兩圈，做出螺旋狀，

10

擺到鋪好烘焙紙的烤盤上，取好間距。★餅乾烘烤時會逐漸膨脹，周圍須各留 1.5cm 的間距。

11

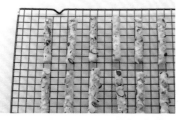

烤 放進預熱至 180℃ 的烤箱中層，烤 15~20 分鐘後，擺到網架上放涼。
★烤到一半將烤盤轉向，成色會更均勻。若烤盤不夠大可分兩次烤。

Tip

用食物調理機輕鬆做麵團

若覺得用刮板將奶油切碎不容易，不妨用食物調理機輕鬆做出麵團吧！將低筋麵粉、砂糖、鹽、奶油放進食物調理機，攪拌至奶油變成 0.2~0.3cm 的顆粒再倒進碗裡，從步驟②開始做就好囉。

雪球餅乾

＋巧克力雪球餅乾
＋黃豆粉雪球餅乾

雪球餅乾

巧克力雪球餅乾

黃豆粉雪球餅乾

🧁 直徑3cm 25個　🕐 35~50分鐘（＋靜置1小時）　🔲 170℃　📦 密封保存_室溫10天

❄ 麵團：保鮮袋_冷凍15天

基本款
雪球餅乾

☐ 軟化奶油 80g
☐ 糖粉 40g
☐ 鹽⅛小匙
☐ 低筋麵粉 120g
☐ 杏仁粉 40g
☐ 杏仁片 30g（可省略）

裝飾
☐ 糖粉 2 大匙

延伸 A
巧克力雪球餅乾

☐ 軟化奶油 80g
☐ 糖粉 40g
☐ 鹽⅛小匙
☐ 低筋麵粉 120g
☐ 杏仁粉 30g
☐ 可可粉 15g
☐ 杏仁片 30g（可省略）

裝飾
☐ 糖粉 2 大匙

延伸 B
黃豆粉雪球餅乾

☐ 軟化奶油 80g
☐ 糖粉 40g
☐ 鹽⅛小匙
☐ 低筋麵粉 100g
☐ 炒過的黃豆粉 40g
☐ 杏仁片 30g
　　（或碎花生，可省略）

裝飾
☐ 糖粉 1 大匙
☐ 炒過的黃豆粉 1 大匙

| 所需工具 | 碗　 電動攪拌器　 刮勺　篩網　 烤盤 |

| 事前準備 | 1. 取出冷藏的奶油，置於室溫 1 小時。
2. 低筋麵粉、杏仁粉一起過篩。
（延伸食譜的粉類料也需過篩。）
3. 杏仁片裝進食物保鮮袋，用手捏碎。 |

攪拌至柔軟鬆發的奶油

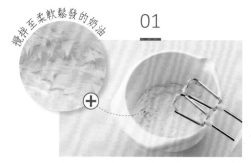

01

麵團作法 奶油裝進大碗裡，用電動攪拌器低速攪拌 30 秒。
★攪拌至奶油像美乃滋般柔軟，且碗壁上的奶油呈現尖錐狀。

02

加入糖粉和鹽，用電動攪拌器低速攪拌 30 秒。★倒入糖粉後，先用刮勺輕輕攪拌再換電動攪拌器，糖粉才不會四處飛揚。

03

加入篩好的低筋麵粉和杏仁粉，邊轉動碗邊用刮勺切拌至80%。★用刮勺切拌可減少麵筋產生，以免做出太硬的餅乾。

延伸 A

加入篩好的低筋麵粉、杏仁粉、可可粉，邊轉動碗邊用刮勺切拌至80%。

延伸 B

加入篩好的低筋麵粉、炒過的黃豆粉，邊轉動碗邊用刮勺切拌至80%。

拌好的麵團

04

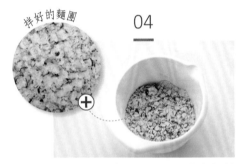

＋

加入捏碎的杏仁片，用刮勺輕輕攪拌至完全拌勻。

05

麵團裝進食物保鮮袋裡壓扁，冷藏靜置約1小時。

06

麵團分成25等分，各12g，再搓成直徑3cm的圓球狀。
★手上可沾些防黏粉（低筋麵粉），避免麵團黏手。 預熱烤箱

07

烤 將麵團擺到鋪好烘焙紙的烤盤上，放進預熱至170℃的烤箱中層，烤15分鐘後，擺到網架上放涼。
★烤到一半將烤盤轉個方向，成色會更均勻。若烤盤不夠大可分兩次烤。

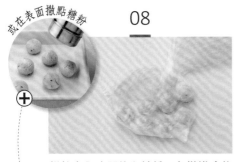

或在表面撒點糖粉

08

餅乾完全冷卻後和糖粉一起裝進食物保鮮袋裡，輕輕搖晃，讓餅乾均勻沾上糖粉。★口味較清淡的人可不沾糖粉，或只在餅乾上稍微撒點糖粉。

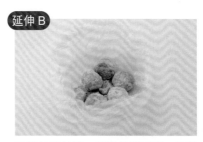

延伸 B

將餅乾和糖粉、炒過的黃豆粉一起裝進食物保鮮袋裡，輕輕搖晃，讓餅乾均勻沾上粉末。

Tip

雪球餅乾麵團冷凍法

可以多做些雪球餅乾的麵團冷凍保存，需要時再拿出來用。
做完步驟⑥，將麵團放到平坦的金屬托盤上，
急速冷凍 2 小時以上再裝進食物保鮮袋裡，可冷凍保存 15 天。
要烤時從冰箱取出解凍約 1 小時，若有相黏的麵團要先分開，
滾圓後再從步驟⑦開始做。

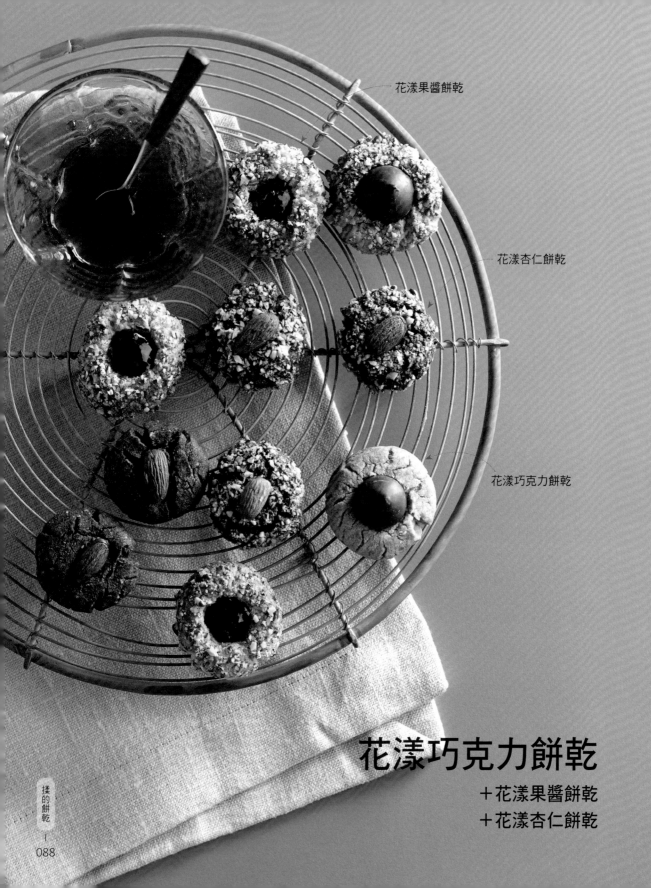

花漾果醬餅乾

花漾杏仁餅乾

花漾巧克力餅乾

花漾巧克力餅乾

+花漾果醬餅乾
+花漾杏仁餅乾

直徑4cm 20~22個　50分鐘~1小時（＋靜置1小時）　180℃　密封保存_室溫10天
麵團：保鮮袋_冷凍15天

基本款
花漾巧克力餅乾

☐ 軟化奶油 70g
☐ 花生醬 30g
☐ 糖粉 100g
☐ 鹽 1/8 小匙
☐ 蛋黃 2 顆
☐ 低筋麵粉 120g
☐ 杏仁粉 50g
☐ Kisses 巧克力 20~22 顆

裝飾（可省略）
☐ 蛋白 1 顆
☐ 碎胡桃 40g

延伸 A
花漾果醬餅乾

☐ 軟化奶油 70g
☐ 花生醬 30g
☐ 糖粉 100g
☐ 鹽 1/8 小匙
☐ 蛋黃 2 顆
☐ 低筋麵粉 120g
☐ 杏仁粉 50g
☐ 莓果醬（或草莓醬）2 大匙

裝飾（可省略）
☐ 蛋白 1 顆
☐ 碎胡桃 40g

延伸 B
花漾杏仁餅乾

☐ 軟化奶油 70g
☐ 花生醬 30g
☐ 糖粉 100g
☐ 鹽 1/8 小匙
☐ 蛋黃 2 顆
☐ 低筋麵粉 100g
☐ 可可粉 20g
☐ 杏仁粉 50g
☐ 牛奶 1 大匙
☐ 杏仁 20~22 顆

裝飾（可省略）
☐ 蛋白 1 顆
☐ 碎胡桃 40g

所需工具

 碗　 電動攪拌器　 刮勺　 篩網　烤盤

事前準備

1. 取出冷藏的奶油，置於室溫 1 小時。
2. 低筋麵粉、杏仁粉一起過篩。
   （延伸食譜的粉類材料也需過篩。）
3. 裝飾用的胡桃用食物調理機切碎。

01

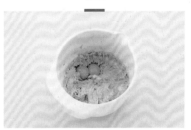

麵團作法 奶油和花生醬裝在大碗裡，用電動攪拌器低速攪拌 30 秒。
★攪拌成像美乃滋般柔軟，且碗壁上的奶油＋花生醬呈現尖錐狀。

02

加入糖粉和鹽，用電動攪拌器低速攪拌 30 秒。加入蛋黃後再攪拌 1 分鐘至均勻。

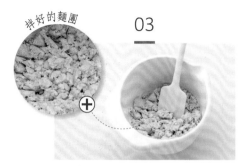

拌好的麵團

03

加入篩好的低筋麵粉、杏仁粉，邊轉動碗邊用刮勺切拌至完全拌勻，再裝進食物保鮮袋裡壓扁，冷藏靜置約 1 小時。

延伸 B

加入篩好的低筋麵粉、可可粉、杏仁粉，邊轉動碗邊用刮勺切拌，再倒入牛奶輕輕攪拌，拌好後裝進食物保鮮袋裡壓扁，冷藏靜置約 1 小時。

04

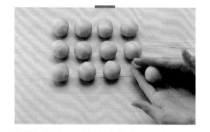

麵團分成 22 等分（各約 12g），再搓成直徑 4cm 的圓球狀。
★手上可沾些防黏粉（低筋麵粉），避免麵團黏手。預熱烤箱

05

裝飾 ④的麵團沾蛋白，放到碎胡桃上滾幾圈，讓麵團均勻黏滿碎胡桃。
★碎胡桃可增添風味，亦可不添加。

06

麵團擺到鋪好烘焙紙的烤盤上，壓成 1cm 厚的圓扁狀。★餅乾烘烤時會逐漸膨脹，周圍須留 2cm 的間距。

延伸 B

麵團擺到鋪好烘焙紙的烤盤上，壓成 1cm 厚的圓扁狀後，中間擺上杏仁，輕壓固定。

07

烤 放進預熱至 180℃ 的烤箱中層烤
15 分鐘。★烤到一半將烤盤轉個方
向，成色會更均勻。若烤盤不夠大可
分兩次烤。

08

從烤箱取出後，立刻用筷子在餅乾背
面的中心點壓出凹洞。★柔軟的餅乾
容易碎裂，背面用筷子輕壓即可。

09

巧克力會被剛出爐的餅乾融化

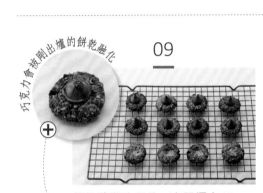

餅乾稍微冷卻後，中間擺上 Kisses
巧克力。★注意，若不等餅乾冷卻就
擺上巧克力，巧克力會被融化。

延伸 A

莓果醬裝進擠花袋裡，尖端剪掉
1cm，擠在完全冷卻的餅乾中間。

Tip

花漾餅乾麵團的冷凍法

做完步驟④以後，將麵團放到平坦的金屬托盤上，急速冷凍 2 小時以上，
就可裝在食物保鮮袋裡，冷凍保存 15 天。
烘烤前從冰箱取出解凍 1 小時左右，分開相黏的麵團，
滾圓後再從步驟⑤開始做。

蔓越莓口袋餅乾

+巧克力豆口袋餅乾
+地瓜口袋餅乾

巧克力豆口袋餅乾

地瓜口袋餅乾

蔓越莓口袋餅乾

基本款	延伸 A	延伸 B
蔓越莓口袋餅乾	**巧克力口袋餅乾**	**地瓜口袋餅乾**

基本款
蔓越莓口袋餅乾
- ☐ 軟化奶油 90g
- ☐ 砂糖 110g
- ☐ 鹽 ⅛ 小匙
- ☐ 雞蛋 1 顆
- ☐ 低筋麵粉 220g
- ☐ 蘇打粉 ½ 小匙

內餡（約各 **5g**）
- ☐ 蔓越莓乾 60g
- ☐ 藍莓乾 60g
- ☐ 奶油乳酪 50g

延伸 A
巧克力口袋餅乾
- ☐ 軟化奶油 90g
- ☐ 砂糖 110g
- ☐ 鹽 ⅛ 小匙
- ☐ 雞蛋 1 顆
- ☐ 低筋麵粉 200g
- ☐ 蘇打粉 ½ 小匙
- ☐ 可可粉 2 大匙

內餡（約各 **2g**）
- ☐ 碎開心果 30g
- ☐ 碎核桃 20g
- ☐ 水滴巧克力豆 45g

延伸 B
地瓜口袋餅乾
- ☐ 軟化奶油 90g
- ☐ 砂糖 110g
- ☐ 鹽 ⅛ 小匙
- ☐ 雞蛋 1 顆
- ☐ 低筋麵粉 220g
- ☐ 蘇打粉 ½ 小匙

內餡（約各 **6g**）
- ☐ 煮好的地瓜 180g
- ☐ 鮮奶油（或牛奶）20ml
- ☐ 蜂蜜 20g

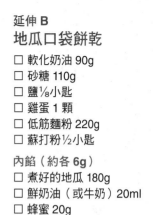

所需工具

碗　　刮勺　　電動攪拌器　　篩網　　烤盤

事前準備
1. 取出冷藏的奶油和內餡要用的奶油乳酪，置於室溫 1 小時。
2. 低筋麵粉、蘇打粉一起過篩。
   （延伸食譜的粉類材料也需過篩。）
3. 內餡要用的果乾切碎備用。（延伸食譜的堅果類也切碎備用。）

01

延伸 A

延伸 B

麵團作法 碎蔓越莓乾、碎藍莓乾和奶油乳酪一起倒入小碗裡攪拌均勻。

碎開心果、碎核桃和水滴巧克力豆一起倒入小碗裡攪拌均勻。

煮熟的地瓜倒入小碗裡用叉子壓成泥，再加入鮮奶油、蜂蜜攪拌均勻。
★地瓜的煮法請見 p95。

02

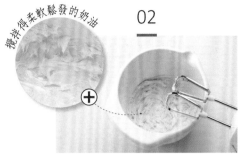

攪拌得柔軟鬆發的奶油

奶油裝在碗裡,用電動攪拌器低速攪拌 30 秒。
★攪拌至奶油像美乃滋般柔軟,且碗壁上的奶油呈現尖錐狀。

03

加入砂糖、鹽,用電動攪拌器低速攪拌 30 秒,再加入雞蛋,攪拌 1 分鐘至均勻。

04

拌好的麵團

加入篩好的低筋麵粉、蘇打粉,邊轉動碗邊用刮勺切拌至完全混合。
★用刮勺切拌可減少麵筋產生,才不會做出太硬的餅乾。

延伸 A

加入篩好的低筋麵粉、蘇打粉、可可粉,邊轉動碗邊用刮勺切拌至完全混合。

05

麵團裝進食物保鮮袋裡壓扁,冷藏靜置約 1 小時。

06

將麵團均分為 30 等分,各 15g,再搓成直徑 3cm 的圓。
★手上可先沾些防黏粉(低筋麵粉)再搓,避免麵團黏手。 預熱烤箱

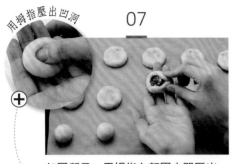

用拇指壓出凹洞

07

如圖所示，用拇指在麵團中間壓出一個凹洞，放入餡料，再將邊緣的麵團往中間包，接縫處捏緊黏合。

08

烤 將麵團放到鋪好烘焙紙的烤盤上，壓成厚度 1cm 的圓扁狀，再放進預熱至 180℃ 的烤箱中層烤 10~13 分鐘。
★烤到一半將烤盤轉個方向，成色會更均勻。若烤盤不夠大可分 2~3 次烤。

Tip

地瓜餡的煮法

地瓜先洗淨削皮，切塊切成 2cm 的大小，裝進耐熱容器裡，
再加 3 大匙的水，蓋上蓋子或用保鮮膜封起，
微波加熱（700W）4~5 分鐘後，
倒掉多餘的水分，將地瓜裝到碗裡用叉子壓成泥。

黑芝麻年輪餅乾

果醬年輪餅乾

肉桂年輪餅乾

肉桂年輪餅乾

＋果醬年輪餅乾

＋黑芝麻年輪餅乾

基本款
肉桂年輪餅乾

- ☐ 軟化奶油 90g
- ☐ 砂糖 80g
- ☐ 鹽 ¼ 小匙
- ☐ 雞蛋 1 顆
- ☐ 低筋麵粉 200g

內餡
- ☐ 砂糖 30g
- ☐ 黑糖（或黃糖）15g
- ☐ 肉桂粉 1 小匙
- ☐ 杏仁片 30g
- ☐ 融化奶油 10g

延伸 A
果醬年輪餅乾

- ☐ 軟化奶油 90g
- ☐ 砂糖 80g
- ☐ 鹽 ¼ 小匙
- ☐ 雞蛋 1 顆
- ☐ 低筋麵粉 200g

內餡
- ☐ 莓果醬（或草莓醬）40g
- ☐ 碎蔓越莓 20g

延伸 B
黑芝麻年輪餅乾

- ☐ 軟化奶油 90g
- ☐ 砂糖 80g
- ☐ 鹽 ¼ 小匙
- ☐ 雞蛋 1 顆
- ☐ 低筋麵粉 200g

內餡
- ☐ 黑芝麻 80g
- ☐ 砂糖 50g
- ☐ 熱水 2 大匙

| 所需工具 | 碗 | 刮勺 | 電動攪拌器 | 篩網 | 桿麵棍 | 刀子 | 烤盤 |

| 事前準備 | 1. 取出冷藏的奶油和雞蛋，置於室溫 1 小時。
2. 低筋麵粉過篩。 |

01

內餡作法 砂糖、黑糖、肉桂粉、杏仁片裝進小碗中攪拌均勻。

延伸 B

黑芝麻、砂糖、熱水倒入食物調理機裡磨碎。

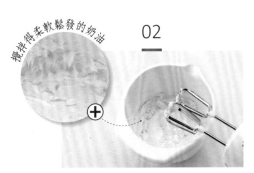

攪拌得柔軟鬆發的奶油

02

麵團作法 奶油裝進碗裡，用電動攪拌器低速攪拌 30 秒。

★攪拌至奶油像美乃滋般柔軟，且碗壁上的奶油呈現尖錐狀。

03

加入砂糖、鹽，用電動攪拌器低速攪拌 30 秒。

04

加入雞蛋，用電動攪拌器低速攪拌 1 分鐘。

拌好的麵團

05

加入篩好的低筋麵粉，邊轉動碗邊用刮勺切拌至完全混合。

★用刮勺切拌可減少麵筋產生，以免做出來的餅乾太硬。

06

將麵團裝進食物保鮮袋壓扁，冷藏靜置約 1 小時。

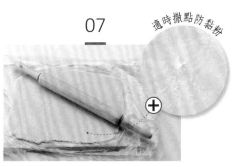

適時撒點防黏粉

07

⑥的麵團上下各鋪好塑膠袋，用桿麵棍桿成厚 0.5cm，28×18cm 的大小。★麵團若黏在塑膠袋上，可適時撒點防黏粉（低筋麵粉）。

08

撕去麵團上方的塑膠袋，抹上融化奶油後，均勻撒上①的餡料。★麵團捲起時會將餡料稍微往旁邊擠，四周須預留1cm的空間。

延伸 A

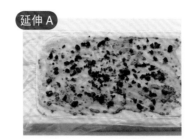

撕去麵團上方的塑膠袋，用抹刀抹好莓果醬後，均勻撒上碎蔓越莓。

延伸 B

撕去麵團上方的塑膠袋，均勻撒上黑芝麻餡，再用手輕壓固定。

09

如圖所示，小心將麵團橫向捲起，再用烘焙紙裹起，冷凍靜置30分鐘。
`預熱烤箱`

10

⑨的麵團放到砧板上，切片，每片厚1cm。

11

烤 麵團放到鋪好烘焙紙的烤盤上，放進預熱至180℃的烤箱中層，烤13~15分鐘。★烤到一半將烤盤轉個方向，成色會更均勻。若烤盤不夠大可分2~3次烤。

Tip

年輪餅乾的麵團冷凍法
做完步驟⑨，用烘焙紙裹住麵團後，
再裹一層塑膠袋，
放到平坦的托盤上，
可冷凍保存15天。
要烤時先挪到冷藏退冰30分鐘，
再從步驟⑩開始做。

造型餅乾

＋薑餅人
＋糖心餅乾

造型餅乾

糖心餅乾

薑餅人

🧁 直徑6cm 55~60片　⏱ 35~50分鐘（＋靜置1小時，不包括裝飾時間）　🔥 180℃　📦 密封保存_室溫7天

基本款	延伸 A	延伸 B
造型餅乾	**薑餅人**	**糖心餅乾**

基本款
造型餅乾

☐ 軟化奶油 130g
☐ 砂糖 80g
☐ 雞蛋 1 顆
☐ 低筋麵粉 200g
☐ 杏仁粉 50g

糖霜

☐ 蛋白 1 顆（30g）
☐ 糖粉 200g
☐ 檸檬汁 1 大匙
☐ 食用色素少許（可省略）

延伸 A
薑餅人

☐ 軟化奶油 130g
☐ 砂糖 80g
☐ 雞蛋 1 顆
☐ 低筋麵粉 200g
☐ 杏仁粉 50g
☐ 肉桂粉 1 又 ½ 小匙
☐ 薑汁 2 小匙（或薑粉 ½ 小匙）

延伸 B
糖心餅乾

☐ 軟化奶油 130g
☐ 砂糖 80g
☐ 雞蛋 1 顆
☐ 低筋麵粉 200g
☐ 杏仁粉 50g
☐ 碎糖果 5~6 顆

所需工具

碗　電動攪拌器　刮勺　篩網　桿麵棍　餅乾模　烤盤

事前準備

1. 取出冷藏的奶油和雞蛋，置於室溫 1 小時。
2. 低筋麵粉和杏仁粉一起過篩。
　（延伸食譜的粉類材料也需過篩。）

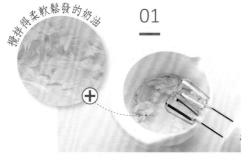

01

攪拌得柔軟鬆發的奶油

麵團作法 奶油裝進碗裡，用電動攪拌器低速攪拌 30 秒。
★攪拌至奶油像美乃滋般柔軟，且碗壁上的奶油呈現尖錐狀。

02

加入砂糖，用電動攪拌器低速攪拌 1 分鐘，再加入雞蛋，攪拌 1 分鐘。

拌好的麵團

03

加入篩好的低筋麵粉、杏仁粉，邊轉動碗邊用刮勺切拌至完全混合。
★用刮勺切拌可減少麵筋產生，以免做出來的餅乾太硬。

延伸 A

加入篩好的低筋麵粉、杏仁粉、肉桂粉，邊轉動碗邊用刮勺切拌，再倒入薑汁，用刮勺輕輕攪拌。

04

裝進食物保鮮袋裡壓扁後，冷藏靜置 1 小時以上。

05

適時撒點防黏粉

④的麵團上下各鋪好塑膠袋，用桿麵棍桿成厚 0.5cm。★麵團若黏在塑膠袋上，可適時撒點防黏粉（低筋麵粉）。桿的時候若覺得麵團開始變軟，就再冷凍靜置 10 分鐘。預熱烤箱

06

撕去上面的塑膠袋，餅乾模先沾點麵粉，再在麵團上壓出圖樣，擺到鋪好烘焙紙的烤盤上，取好間距。
★餅乾烘烤時會逐漸膨脹，周圍須各留 2cm 間距。餅乾模用法請見 p27。

延伸 B

壓出要放碎糖果的空間

如圖所示，擺到烤盤上後，用小的餅乾模在中間壓出圖樣，放入敲碎的糖果。★糖果裝在食物保鮮袋裡，用桿麵棍敲碎。

07

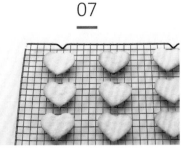

烤 放進預熱至 180℃ 的烤箱中層烤 12 分鐘後，擺到網架上放涼。

★烤到一半將烤盤轉向，成色會更均勻。若烤盤不夠大可分 2~3 次烤。

08

打發至出現小氣泡

糖霜作法 蛋白裝在碗裡，連碗一起放到裝有熱水的盆裡，電動攪拌器低速打發 15 秒，打出小氣泡。

★打發時底下用熱水隔水加熱，可順便幫蛋白殺菌。

09

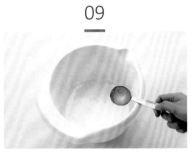

加入糖粉，用電動攪拌器低速攪拌 15 秒。再加入檸檬汁，輕輕攪拌 10 秒至均勻。

★糖粉的多寡請依蛋白的分量調整。

10

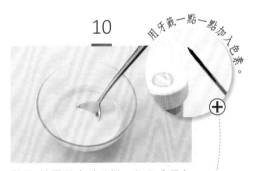

用牙籤一點一點加入色素。

裝飾 糖霜用小碗分裝，加入食用色素，調出想要的顏色。★少量的食用色素也能調出很深的顏色，建議用牙籤一點一點加入色素調色。

11

用湯匙將糖霜舀入擠花袋或摺成圓錐狀的三角形烘焙紙裡。

★如何用三角形烘焙紙裝糖霜，請見 p26。

12

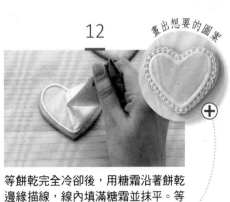

畫出想要的圖案

等餅乾完全冷卻後，用糖霜沿著餅乾邊緣描線，線內填滿糖霜並抹平。等糖霜完全乾燥後，就能在上面畫出想要的圖案了。

胡椒薄餅

＋草本薄餅
＋起司薄餅

起司薄餅

草本薄餅

胡椒薄餅

長寬3.5cm 70片　　35~50分鐘（＋靜置1小時）　　170℃　　密封保存_室溫10天

基本款	延伸 A	延伸 B
胡椒薄餅	**草本薄餅**	**起司薄餅**
☐ 低筋麵粉 150g	☐ 低筋麵粉 150g	☐ 低筋麵粉 150g
☐ 鹽 1 小匙	☐ 鹽 1 小匙	☐ 鹽 1 小匙
☐ 胡椒粉 ½ 小匙	☐ 羅勒粉	☐ 帕瑪森起司粉 4 大匙
☐ 冰奶油 45g	（或綜合香草粉）2 小匙	☐ 冰奶油 45g
☐ 冰牛奶 60g	☐ 冰奶油 45g	☐ 冰牛奶 60g
	☐ 冰牛奶 60g	

所需工具	
	碗　　刮板　　篩網　　桿麵棍　　餅乾模　　烤盤

事前準備	1. 冰奶油切成邊長 1cm 的方塊。 2. 低筋麵粉過篩。

01
___

延伸 A

延伸 B

麵團作法 篩好的低筋麵粉、鹽、羅勒粉、奶油倒入碗裡，用刮板由上往下切壓攪拌至奶油變成 0.2~0.3cm 的大小。

篩好的低筋麵粉、鹽、胡椒粉、奶油倒入碗裡，用刮板由上往下切壓攪拌至奶油變成 0.2~0.3cm 的大小。

篩好的低筋麵粉、鹽、帕瑪森起司粉、奶油倒入碗裡，用刮板由上往下切壓攪拌至奶油變成 0.2~0.3cm 的大小。

02

麵團變成疏鬆的顆粒狀後，均勻倒入冰牛奶，邊轉動碗邊用刮板切拌麵團。

03

攪拌至看不見粉類材料的顆粒，再將麵團聚集成一團，裝進食物保鮮袋裡壓扁，冷藏靜置約 1 小時。★加入冰奶油的麵團，可做出類似餅乾棒的酥脆口感。

04

③的麵團上下各鋪好塑膠袋，用桿麵棍桿成厚 0.2cm，邊長 35×30cm 的大小。★若麵團黏住塑膠袋，可適時撒些防黏粉（低筋麵粉）。

預熱烤箱

05

撕去上方塑膠袋，餅乾模稍微沾點麵粉後，在麵團上壓出圖案，取下後擺到鋪好烘焙紙的烤盤上，取好間距，用叉子戳洞。★餅乾在烘烤時會逐漸膨脹，周圍須各留 1cm 的間距。

06

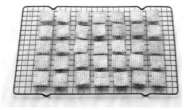

烤 放進預熱至 170℃的烤箱中層，烤 12~15 分鐘後，擺到網架上放涼。★烤到一半將烤盤轉向，成色會更均勻。若烤盤不夠大可分 2~3 次烤。

Tip

用食物調理機輕鬆做出麵團

若覺得用刮板將奶油切碎不容易，不妨用食物調理機輕鬆做出麵團。將低筋麵粉、鹽、胡椒粉、奶油放進食物調理機裡，攪拌至奶油變成 0.2~0.3cm 的顆粒再倒進碗裡，從步驟②開始做就好囉！

瑪德蓮
＋紅茶瑪德蓮
＋巧克力瑪德蓮

巧克力瑪德蓮　　　　　　　　瑪德蓮　　　　　　　紅茶瑪德蓮

基本款	延伸 A	延伸 B
瑪德蓮	**紅茶瑪德蓮**	**巧克力瑪德蓮**
☐ 雞蛋 2 顆	☐ 雞蛋 2 顆	☐ 雞蛋 2 顆
☐ 砂糖 50g	☐ 砂糖 50g	☐ 砂糖 50g
☐ 鹽⅛小匙	☐ 鹽⅛小匙	☐ 鹽⅛小匙
☐ 蜂蜜 20g	☐ 蜂蜜 20g	☐ 蜂蜜 20g
☐ 低筋麵粉 70g	☐ 低筋麵粉 70g	☐ 低筋麵粉 70g
☐ 杏仁粉（或低筋麵粉）30g	☐ 紅茶粉（或紅茶茶葉）2g	☐ 杏仁粉（或低筋麵粉）30g
☐ 泡打粉½小匙	☐ 杏仁粉（或低筋麵粉）30g	☐ 可可粉 10g
☐ 融化奶油 100g	☐ 泡打粉½小匙	☐ 泡打粉½小匙
☐ 食用油（塗在餅乾模上的）少許	☐ 融化奶油 100g	☐ 融化奶油 100g
	☐ 食用油（塗在餅乾模上的）少許	☐ 食用油（塗在餅乾模上的）少許

所需工具	
	碗　刮勺　打蛋器　篩網　擠花袋　刷子　瑪德蓮模

事前準備

1. 取出冷藏的雞蛋，置於室溫 1 小時。
2. 低筋麵粉、杏仁粉、泡打粉一起過篩。（延伸食譜的粉類材料也需過篩。）
3. 瑪德蓮模均勻抹上食用油。
4. 奶油隔水加熱（或微波加熱）融化。

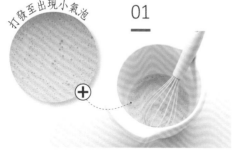

01

麵糊作法 雞蛋裝在碗裡，用打蛋器打散，再輕輕打發至出現小氣泡。

打發至出現小氣泡

`預熱烤箱`

02

加入砂糖、鹽，用打蛋器攪拌至砂糖融化，再倒入蜂蜜，用打蛋器輕輕攪拌。

03

加入篩好的低筋麵粉、杏仁粉、泡打粉，用打蛋器攪拌均勻。

延伸 A

加入篩好的低筋麵粉、紅茶粉、杏仁粉、泡打粉，用打蛋器攪拌均勻。

延伸 B

加入篩好的低筋麵粉、杏仁粉、可可粉、泡打粉，用打蛋器攪拌均勻。

拌好的麵糊

04

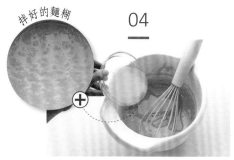

加入融化奶油，用打蛋器攪拌均勻。
★攪拌均勻，別讓奶油沉到碗底。

05

麵糊裝進擠花袋，尖端剪去 2.5cm，擠到塗好食用油的瑪德蓮模裡，約八分滿。★烤模裡塗上一層食用油或融化奶油，撒上麵粉，拍掉多餘的麵粉再擠入麵糊，這樣瑪德蓮烤好後會較好脫模。

06

烤 放進預熱至 180℃的烤箱中層烤 10~12 分鐘後，取出脫模，擺到網架上放涼。★瑪德蓮模先在桌上輕敲 2~3 下再脫模。

Tip

瑪德蓮麵糊的醒麵法

做好的瑪德蓮麵糊放進冰箱，
冷藏 30 分鐘 ~24 小時醒麵後，
味道和香氣都會變濃郁。
冷藏靜置後的瑪德蓮麵糊，
製作前先放在室溫下 30 分鐘，
用刮勺輕輕攪拌後，
從步驟⑤開始做。

布朗尼

＋奶油乳酪布朗尼
＋摩卡布朗尼

布朗尼

摩卡布朗尼

奶油乳酪布朗尼

🍰 20×20cm 方形模 1 個　⏱ 50~55 分鐘　🔥 180℃　🫙 密封保存 _ 室溫 3 天

基本款
布朗尼

- ☐ 奶油 180g
- ☐ 調溫黑巧克力 200g
- ☐ 砂糖 200g
- ☐ 雞蛋 4 顆
- ☐ 低筋麵粉 4 大匙
- ☐ 可可粉 6 大匙
- ☐ 泡打粉 ½ 小匙
- ☐ 碎核桃 50g
　（或碎胡桃，可省略）

延伸 A
奶油乳酪布朗尼

- ☐ 奶油 90g
- ☐ 調溫黑巧克力 100g
- ☐ 砂糖 100g
- ☐ 雞蛋 2 顆
- ☐ 低筋麵粉 2 大匙
- ☐ 可可粉 3 大匙
- ☐ 泡打粉 ¼ 小匙
- ☐ 碎核桃 25g
　（或碎胡桃，可省略）

奶油乳酪糊
- ☐ 奶油乳酪 240g
- ☐ 砂糖 40g
- ☐ 雞蛋 1 顆
- ☐ 鮮奶油 65ml
★奶油乳酪糊作法，請見
　p111，延伸 A-1~A-2。

延伸 B
摩卡布朗尼

- ☐ 奶油 180g
- ☐ 調溫黑巧克力 200g
- ☐ 砂糖 200g
- ☐ 雞蛋 4 顆
- ☐ 即溶咖啡粉 2 小匙
- ☐ 低筋麵粉 4 大匙
- ☐ 可可粉 6 大匙
- ☐ 泡打粉 ½ 小匙
- ☐ 碎核桃 50g
　（或碎胡桃，可省略）

所需工具							
	電動攪拌器	碗	刮勺	鍋子	打蛋器	篩網	方形模

事前準備

1. 取出冷藏的雞蛋、奶油乳酪，置於室溫 1 小時。
2. 低筋麵粉、可可粉、泡打粉一起過篩。
3. 調溫黑巧克力切碎備用。
4. 方形模鋪好烘焙紙。

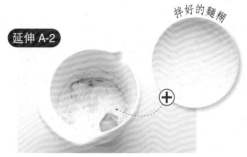

延伸 A-1

奶油乳酪麵糊作法 奶油乳酪裝進碗裡，用電動攪拌器低速攪拌 30 秒打散。★攪拌至變成像美乃滋般柔軟的狀態。

延伸 A-2

拌好的麵糊

加入砂糖，用電動攪拌器低速攪拌 1 分鐘。再加入雞蛋和鮮奶油，攪拌 1 分鐘。

01

麵糊作法 奶油放入鍋中用小火加熱，鍋子傾斜轉動讓奶油融化。
★奶油溫度過高會讓調溫黑巧克力油水分離，只要加熱至奶油融化即可。
預熱烤箱

02

奶油融化後關火，加入調溫黑巧克力，用打蛋器攪拌融化。

03

倒入②的碗裡，再加入砂糖，用打蛋器攪拌融解。

延伸 B

倒入②的碗裡，加入砂糖和即溶咖啡粉，用打蛋器攪拌融解。

04

一次加入一顆雞蛋，用打蛋器快速攪拌。
★請盡速攪拌，以免雞蛋燙熟結塊。

05

拌好的麵糊

加入篩好的低筋麵粉、可可粉、泡打粉，用打蛋器攪拌至完全混合，再加入核桃，輕輕攪拌。

06

將麵糊倒入鋪好烘焙紙的方形模裡。

延伸 A

將麵糊倒入鋪好烘焙紙的方形模，上面再鋪上奶油乳酪糊。

07

烤 放進預熱至 180℃ 的烤箱中層，烤 35~40 分鐘後，脫模擺到網架上放涼。★烤到一半將烤模轉向，成色會更均勻。

Tip

布朗尼塔的作法

參考 p162 的塔皮作法做好塔皮，低溫烘烤。
再做出 1/2 分量的布朗尼麵糊，倒入塔皮，
放進預熱至 180℃ 的烤箱中層烤 25~30 分鐘。

全麥巧克力棒

在餅乾中加入全麥和芝麻，自製香噴噴又健康的全麥棒吧！
表層塗上牛奶巧克力或白巧克力，味道更香甜。若不塗巧克
力，就成了清淡爽口的全麥餅乾囉！

長 10× 寬 1cm 24 條　　1 小時 ~1 小時 20 分鐘（＋靜置 1 小時）　　180℃　　密封保存 _ 室溫 10 天

材料

- □ 軟化奶油 80g
- □ 砂糖 70g
- □ 鹽 ½ 小匙
- □ 中筋麵粉
  （或低筋麵粉）250g
- □ 全麥粉 50g
- □ 泡打粉 ½ 小匙
- □ 牛奶 70ml
- □ 芝麻（或黑芝麻）
  2 大匙

裝飾
- □ 塗層用的黑巧克力
  100g

所需工具

碗　電動　刮勺　篩網　桿麵棍　烤盤
攪拌器

事前準備

1. 取出冷藏的奶油，置於室溫 1 小時。
2. 中筋麵粉、全麥粉、泡打粉一起過篩。

01

麵團作法 奶油裝在大碗裡，用電動攪拌器低速攪拌 30 秒。
★攪拌至奶油變成像美乃滋般柔軟。

02

加入砂糖和鹽，用電動攪拌器低速攪拌 45 秒 ~1 分鐘。

03

加入篩好的中筋麵粉、全麥粉、泡打粉，邊轉動碗邊用刮勺切拌至 80%。

04

拌好的麵團

倒入牛奶和芝麻，用刮勺輕輕攪拌至完全混合。

05

麵團裝進食物保鮮袋壓扁，冷藏靜置
1 小時以上。

06

麵團上下各鋪好塑膠袋，用桿麵棍桿
成厚 0.5cm，邊長 20×25cm。
★若麵團黏住塑膠袋，可適時撒些防
黏粉（低筋麵粉）。 預熱烤箱

07

切成 10×1cm 的長條狀。

08

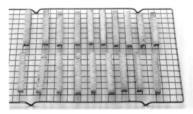

烤 擺到鋪好烘焙紙的烤盤上，取好間
距，放進預熱至 180℃的烤箱中層，烤
20~22 分鐘後，擺到網架上讓餅乾完全
冷卻。★烤到一半將烤盤轉向，成色會
更均勻。若烤盤不夠大可分 2~3 次烤。

09

裝飾 塗層用的黑巧克力裝在碗裡，
連碗一起放到裝有熱水的盆中隔水加
熱，同時用刮勺攪拌，讓黑巧克力均
勻融化。

10

放在烘焙紙上，冷卻凝固後才好拿取

如圖所示，全麥餅乾的⅔用湯匙淋上
塗層用的黑巧克力，放在烘焙紙上等
待凝固。★或可將融化後的黑巧克力
裝在杯子裡，餅乾放入杯中沾好巧克
力再取出。

日式饅頭

用柔軟又有彈性的麵團包住餡料做出的日式饅頭，據說是從水餃變化出來的。
擺上南瓜、栗子等各種裝飾，可做出多種變化。
做好放置 1~2 天後，內餡的水分被表皮吸收，吃起來更加柔軟。

材料

☐ 雞蛋 1 顆
☐ 砂糖 40g
☐ 鹽 ⅛ 小匙
☐ 煉乳 30g
☐ 融化奶油 10g
☐ 低筋麵粉 135g
☐ 泡打粉 ½ 小匙
☐ 烏豆沙（或白豆沙）
　　300g

蛋液
☐ 蛋黃 1 顆
☐ 牛奶 1 大匙

裝飾
☐ 核桃 6 顆（可省略）
☐ 南瓜子 18 顆
　　（可省略）

所需工具

碗　　打蛋器　　刮勺　　桿麵棍　　烤盤

事前準備

1. 取出冷藏的豆沙，置於室溫 1 小時。
2. 低筋麵粉、泡打粉一起過篩。
3. 奶油隔水加熱（或微波加熱）融化。

01

麵團作法 雞蛋、砂糖、鹽、煉乳、融化奶油裝進碗裡，連碗一起放入裝著熱水的盆中，用打蛋器攪拌至砂糖融解，再把碗拿到盆外。

02

加入篩好的低筋麵粉、泡打粉，用刮勺切拌至麵團結為一團。

03

②的麵團裝進食物保鮮袋壓扁，冷藏靜置約 1 小時。

04

準備豆沙餡 烏豆沙分成 12 等分，各 25g，搓成圓球。 預熱烤箱

05

③的麵團分成 12 等分，各 20g，搓圓以後，上下各鋪好塑膠袋，用桿麵棍桿成厚 0.2cm 的麵皮。★麵團若黏住塑膠袋，可適時撒些防黏粉（低筋麵粉）。

06

搓縫處捏緊黏合

如圖所示，麵皮中間擺上烏豆沙，由旁邊往中間包起，接縫處捏緊黏合。

07

將⑥擺到鋪好烘焙紙的烤盤上，接縫處朝下，用手輕壓成高度 2cm 的圓扁狀。

08

頂部塗抹蛋液，再擺上核桃和南瓜子，輕壓固定。

09

烤 放進預熱至 180℃的烤箱中層，烤 15 分鐘後，擺到網架上放涼。
★烤到一半將烤盤轉向，成色會更均勻。若烤盤不夠大可分兩次烤。

Tip

豆沙作法

紅豆 100g，洗好後倒入滾水裡燙 2 分鐘。燙好的紅豆和 7 杯水（1.4L）一起倒入鍋中加熱，沸騰後轉中小火，不時用刮勺攪拌一下、撈除泡沫，燉煮 1 小時。過程中若水位太低，可每次補充 1/2 杯（100ml）的水，注意別讓水燒乾。紅豆用篩網瀝乾水分裝到碗裡，加入砂糖 60g、鹽 1/3 小匙，用電動攪拌器打碎磨成泥。

羊羹

羊羹字面上的意思是「羊肉羹」，據傳最初在中國，羊羹指的是羊肉湯冷卻後，肉的膠質凝結成凍的部分。流傳到日本以後，就演變成今日用豆沙和寒天製成的羊羹了。誠心誠意做點口感柔滑又不會太甜的羊羹當禮物吧！

材料

- □ 冷水 300ml
- □ 寒天粉 1 大匙
- □ 砂糖 50g
- □ 果糖（或蜂蜜）60g
- □ 烏豆沙（或白豆沙）500g
- □ 熟栗子 100g（可省略）

所需工具

鍋子　　刮勺　　方形模　　刀子

事前準備

1. 方形模內先噴上一層水，鋪好保鮮膜。

01

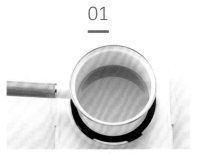

寒天粉和冷水倒入鍋中浸泡 15 分鐘，泡開後用中小火加熱 2~3 分鐘，同時用刮勺攪拌至寒天粉融化。

02

關火，加入砂糖、果糖、烏豆沙，用刮勺攪拌，拌開豆沙。

03

加熱至變濃稠

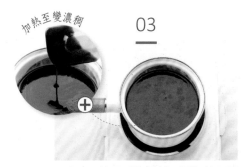

開中火，邊用刮勺攪拌，邊加熱至豆沙變濃稠，再轉小火，繼續用刮勺攪拌，煮 10 分鐘。★鍋底也要攪拌均勻，以免底部燒焦。

04

切成適當大小

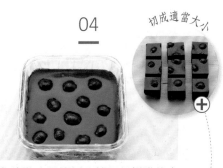

③稍微冷卻後倒入鋪好保鮮膜的方形模裡，趁還沒完全凝固，在表面擺上栗子做裝飾。放置於陰涼處（15~18℃）2 小時，讓羊羹充分冷卻。脫模後切成適當大小。

髮髻餅乾

隆起的摺線像髮髻一樣，因此得名。
加了甜豆沙和香噴噴的杏仁粉，
做出來的髮髻餅乾綿綿柔柔，尤其廣受長輩喜愛。
在節日或紀念日做點色彩繽紛的髮髻餅乾當禮物吧！

材料

- ☐ 白豆沙 250g
- ☐ 杏仁粉 50g
- ☐ 蛋黃 1 顆
- ☐ 果糖（或蜂蜜）½ 大匙
- ☐ 牛奶 1 大匙
- ☐ 綠茶粉、南瓜粉、
　　可可粉各 1 小匙（可省略）

所需工具

碗　刮勺　電動攪拌器　擠花袋　星形花嘴　烤盤

事前準備

1. 取出冷藏的豆沙，置於室溫 1 小時。
2. 杏仁粉過篩。
3. 擠花袋裝上星形花嘴。

完成的麵糊

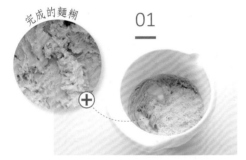

01

麵糊作法 白豆沙裝在大碗裡，用電動攪拌器低速攪拌成柔軟的狀態，約 30 秒。加入篩好的杏仁粉、蛋黃、果糖、牛奶，再攪拌 30 秒，使呈黏稠狀。預熱烤箱

02

麵糊分成三等分，裝在不同的碗裡，並分別加入綠茶粉、南瓜粉、可可粉，用刮勺輕輕攪拌。★亦可只做單一顏色，或直接省略此步驟。

03

將其中一碗②的麵糊倒進裝有星形花嘴的擠花袋裡，花嘴距離鋪好烘焙紙的烤盤 1cm，垂直擠出直徑 3cm，高 2cm 的麵糊。★先擠完一種顏色，再換另一種顏色。

04

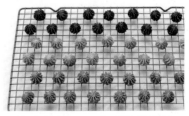

烤 放進預熱至 180℃的烤箱中層，烤 15~17 分鐘後，擺到網架上放涼。★烤到一半將烤盤轉向，成色會更均勻。若烤盤不夠大可分 2~3 次烤。

123

生巧克力

情人節是表達愛意的節日，做點入口即化的生巧克力當禮物吧。加了鮮奶油，綿滑柔軟中帶著濃郁的巧克力香，是廣受喜愛的點心。切成一口大小，撒上可可粉、綠茶粉、糖粉等做出繽紛的模樣。

基本材料

- □ 鮮奶油 100ml
- □ 調溫黑巧克力 200g
- □ 橙酒 1 小匙（可省略）

裝飾
- □ 可可粉（或綠茶粉、糖粉）
  2 大匙

所需工具

鍋子　　刮勺　　長方形模　　篩網　　刀子

事前準備

1. 調溫黑巧克力切碎備用。
2. 在長方形模裡噴點水，鋪上保鮮膜。

01

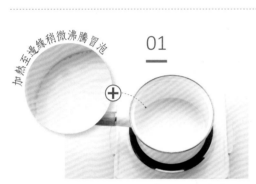

加熱至邊緣稍微沸騰冒泡

鮮奶油倒入鍋中，用中小火加熱至邊緣稍微沸騰冒泡。

02

關火，加入切碎的調溫黑巧克力，用刮勺從中間攪拌融化，再加入橙酒，用刮勺輕輕拌勻。

03

將②倒入鋪好保鮮膜的長方形模中，置於陰涼處（15~18℃）1 小時 ~1 小時 30 分鐘，冷卻凝固。

04

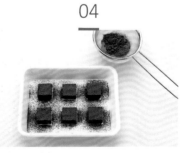

脫模後撕去保鮮膜，切成 3×3cm 的方塊，用小篩網將可可粉篩在巧克力上裝飾。★切剩的巧克力碎屑可以收集起來，用手搓圓沾粉。

MUFFIN
&
POUND
CAKE

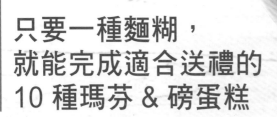

只要一種麵糊，
就能完成適合送禮的
10 種瑪芬 & 磅蛋糕

瑪芬和磅蛋糕的口感柔潤，不管男女老少都
很喜愛，又因為包裝容易，用來當作禮物送
人也很合適。可以把做好的瑪芬的麵糊裝進
磅蛋糕烤模（長 22cm）烤，也可以把做好
的磅蛋糕麵糊裝到瑪芬烤模裡烤。不過磅蛋
糕麵糊的量會影響到瑪芬的完成品個數，所
以建議分成兩次烘烤，或是使用一次性的瑪
芬烤杯。

核桃瑪芬

加入杏仁粉和核桃，香而不甜的瑪芬，根據個人的喜好，
還可以加入堅果類、水果乾等等做出各種變化。
單吃好吃，擠上甜甜的奶油霜、生巧克力、鮮奶油做成杯子蛋糕也很棒。

下直徑5.5×高4.5cm瑪芬模6~8個　 35~40分鐘　 180℃　 密閉容器_室溫3天

材料

- □ 軟化奶油 100g
- □ 砂糖 80g
- □ 鹽 ¼ 小匙
- □ 杏仁粉 60g
- □ 雞蛋 2 顆
- □ 蜂蜜 1 大匙
- □ 中筋麵粉 160g
- □ 泡打粉 1 小匙
- □ 牛奶 120ml
- □ 碎核桃 90g

所需工具

碗　電動攪拌器　刮勺　篩網　擠花袋　瑪芬模

事前準備

1. 提前 1 小時從冰箱取出雞蛋和奶油，放在室溫退冰。
2. 瑪芬模鋪上烘焙紙。
3. 中筋麵粉和泡打粉一起過篩。杏仁粉單獨過篩。

01

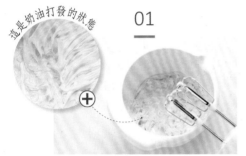

這是奶油打發的狀態

製作麵糊 奶油放進大碗，電動攪拌器開低速打發 30 秒 ~1 分鐘。
★請把奶油打發成像美乃滋一樣的綿密狀態。碗內緣的奶油呈角錐狀表示完成。

02

砂糖和鹽分兩次倒入，電動攪拌器開低速打發 2~3 分鐘。
★請攪拌至麵糊變成象牙色為止。

03

加入過篩的杏仁粉，再用電動攪拌器以低速攪拌 15 秒左右。
★製作水分（雞蛋）比例比奶油高的麵糊時先和杏仁粉攪拌，可防止油水分離的現象。

04

加入 1 顆雞蛋和蜂蜜，以電動攪拌器開低速打發 1 分鐘，接著再放入 1 顆雞蛋，並且再打發 1 分鐘。
★請持續打發，直到麵糊變成乳化的奶油狀態。預熱烤箱

80% 已混合的狀態

05

倒入過篩好的中筋麵粉和泡打粉，一邊轉動容器，一邊用刮勺由下往上攪拌，直到麵糊的 80% 混合為止。
★請注意不要過度攪拌，否則瑪芬的口感會變硬。

06

加入牛奶，用刮勺由下往上的方式攪拌。

做好的麵糊

07

預留 1 大匙要作裝飾用的核桃。剩下的核桃全部倒入，再用刮勺輕輕攪拌。★如果不打算裝飾，則核桃全數加入攪拌。

08

把做好的麵糊裝入擠花袋，擠花袋尖角約 2.5cm 處用剪刀剪開。擠麵糊時垂直豎立擠花袋，從鋪有烘焙紙的烤模底部開始填充，每格裝八分滿。

09

上面均勻撒上裝飾用的核桃。
★此步驟可省略。

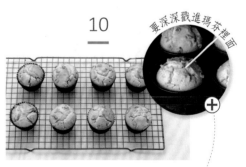

要深深戳進瑪芬裡面

10

烤 放進預熱 180℃的烤箱中層，烤 20~23 分鐘。取出後放到冷卻網上放涼。★用牙籤戳入中心，如果沒有沾到麵糊就表示都烤熟了。

摩卡瑪芬

摩卡（Mocha）源自於輸出高檔咖啡的葉門港口城市——摩卡（Al-Mukh），是種帶巧克力香的咖啡豆。葉門的摩卡咖啡因為受到梵谷的喜愛而聲名大噪，濃濃的巧克力香味是它的特色。而摩卡瑪芬則是在咖啡口味的瑪芬中融入巧克力般甜滋滋的糖衣製作而成。

下直徑 5.5×高 4.5cm 瑪芬模 6~7 個　⏱ 40~45 分鐘　🔥 180℃　📦 密閉容器_室溫 3 天

材料

□ 軟化奶油 100g
□ 即溶咖啡細粉 1 小匙
□ 砂糖 100g
□ 鹽 ½ 小匙
□ 雞蛋 1 顆
□ 低筋麵粉 170g
□ 泡打粉 1 小匙
□ 優格 80g

摩卡糖衣（可省略）
□ 糖粉 60g
□ 即溶咖啡細粉 ½ 小匙
□ 牛奶 2 小匙

所需工具

碗　電動攪拌器　刮勺　篩網

擠花袋　攪拌器　瑪芬模

事前準備

1. 提前 1 小時從冰箱中取出奶油和雞蛋退冰。
2. 瑪芬模鋪上烘焙紙。
3. 低筋麵粉和泡打粉一起過篩。

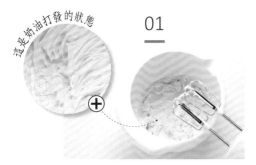

這是奶油打發的狀態

01

製作麵糊 取一大碗放入奶油，用電動攪拌器以低速打發 30 秒 ~1 分鐘。★請把奶油打發成像美乃滋一樣的綿密狀態。碗內緣的奶油呈角錐狀表示完成。

02

加入咖啡粉，砂糖和鹽分兩次倒入，再用電動攪拌器開低速打發 2~3 分鐘。★如果咖啡粉的顆粒太大，請先用湯匙背面敲碎後再使用。

03

放入雞蛋，電動攪拌器開低速打發 2 分鐘。★請持續打發，直到麵糊變成乳化的奶油狀態。 預熱烤箱 ⟸

04

倒進過篩的低筋麵粉和泡打粉，一邊轉動容器，一邊用刮勺由下往上攪拌，直到麵糊的 80% 混合為止。

瑪芬＆磅蛋糕

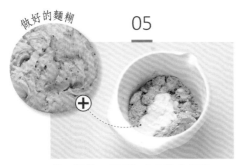

做好的麵糊

05

放入優格，用刮勺由下往上攪拌。
★請注意不要過度攪拌，否則瑪芬的口感會變硬。

06

把做好的麵糊裝入擠花袋，擠花袋尖角約 2.5cm 處用剪刀剪開。擠麵糊時垂直豎立擠花袋，從鋪有烘焙紙的烤模底部開始填充，每格裝八分滿。

07

要深深戳進瑪芬裡面

烤 放進預熱 180℃ 的烤箱中層，烤20~23 分鐘。取出後放到冷卻網上放涼。★用牙籤戳戳看，如果沒有沾到麵糊就表示都烤熟了。

08

裝飾摩卡糖衣 加入糖粉、即溶咖啡粉和牛奶，用攪拌器均勻攪拌。★如果即溶咖啡粉的顆粒太大，請先用湯匙背面敲碎後再使用。

09

把糖衣麵糊裝進擠花袋，用刮板把麵糊往內推攏，擠花袋尖角約 0.5cm 處用剪刀剪開。

10

裝飾成格子狀也很不錯

等摩卡瑪芬完全冷卻，用 Z 字型或蝸牛的形狀擠上糖衣，完全覆蓋瑪芬正面。★如需包裝，請先在室溫靜置30 分鐘，待糖衣完全定型後再進行。

藍莓瑪芬

加入優格和藍莓乾製成的酸甜瑪芬，溫潤的瑪芬麵包和
滿滿的 Q 彈藍莓，口感風味一級棒。根據個人喜好的不
同，也可以加入用蘭姆酒醃漬的半乾無花果或蔓越莓乾。

下直徑5.5×高4.5cm 瑪芬模6~7個 35~40分鐘（＋醃漬藍莓1小時） 180℃

 密閉容器_室溫3天

材料

- ☐ 藍莓乾 100g
- ☐ 蘭姆酒 1 大匙（或水½大匙＋檸檬汁½大匙）
- ☐ 軟化奶油 80g
- ☐ 砂糖 70g
- ☐ 鹽½小匙
- ☐ 雞蛋 2 顆
- ☐ 低筋麵粉 170g
- ☐ 泡打粉½小匙
- ☐ 牛奶 50ml
- ☐ 優格 80g

所需工具

碗　電動　刮勺　篩網　擠花袋　瑪芬模
　　攪拌器

事前準備

1. 提前 1 小時從冰箱取出雞蛋和奶油，放在室溫退冰。
2. 瑪芬模鋪上烘焙紙。
3. 低筋麵粉和泡打粉一起過篩。

01

醃漬藍莓 取一只碗，放入藍莓乾和蘭姆酒醃漬 1 小時。★過程中需用湯匙攪拌，讓藍莓均勻醃漬。

02

這是奶油打發的狀態

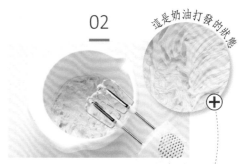

製作麵糊 取大碗放入奶油，用電動攪拌器以低速打發 30 秒 ~1 分鐘。★打發成像美乃滋一樣綿密的狀態。碗內緣的奶油呈角錐狀表示完成。

03

砂糖和鹽分兩次倒入，電動攪拌器開低速打發 2~3 分鐘。
★請攪拌至麵糊變成象牙色為止。

04

加入 1 顆雞蛋，以電動攪拌器開低速打發 1 分鐘。接著再放入 1 顆雞蛋，並再多打發 1 分鐘。
★請持續打發，直到麵糊變成乳化的奶油狀態。預熱烤箱

80% 已混合的狀態

05

倒入過篩好的低筋麵粉和泡打粉，一邊轉動容器，一邊用刮勺由下往上攪拌，直到麵糊的 80% 混合為止。
★請注意不要過度攪拌，否則瑪芬的口感會變硬。

06

加入牛奶和原味優格，用刮勺由下往上的方式攪拌。

做好的麵糊

07

預留 2 大匙要作裝飾用的藍莓。剩下的藍莓全部倒入，再用刮勺輕輕攪拌。★如果不打算裝飾，則藍莓全數加入攪拌。

08

把做好的麵糊裝入擠花袋，擠花袋尖角約 3cm 處用剪刀剪開。擠麵糊時垂直豎立擠花袋，從鋪有烘焙紙的烤模底部開始填充，每格裝八分滿。

09

上面均勻撒上裝飾用的藍莓。
★此步驟可省略。

要深深戳進瑪芬裡面

10

烤 放進預熱 180℃的烤箱中層，烤 20~25 分鐘。取出後放到冷卻網上放涼。★用牙籤戳入中心，如果沒有沾到麵糊就表示都烤熟了。

奶油乳酪瑪芬

加入奶油乳酪和檸檬汁的微酸瑪芬。口感溫潤輕盈，
加上打發的鮮奶油做成杯子蛋糕也很棒。不喜歡酸味
的話，也可以用牛奶取代檸檬汁。

下直徑5.5×高4.5cm瑪芬模6~7個　⏱ 35~40分鐘　🍳 180℃　📦 密閉容器_室溫3天

材料

☐ 軟化的奶油乳酪 100g
☐ 軟化奶油 50g
☐ 砂糖 70g
☐ 雞蛋 2 顆
☐ 低筋麵粉 120g
☐ 泡打粉 1/2 小匙
☐ 檸檬汁（或牛奶）2 小匙

裝飾（可省略）
☐ 杏仁片 10g

所需工具

碗　電動攪拌器　刮勺　篩網　擠花袋　瑪芬模

事前準備

1. 提前 1 小時從冰箱取出奶油乳酪、奶油和雞蛋，放在室溫退冰。
2. 瑪芬模鋪上烘焙紙。
3. 低筋麵粉和泡打粉一起過篩。

01

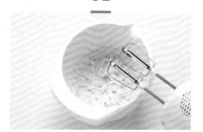

製作麵糊 取一大碗放入奶油乳酪與奶油，用電動攪拌器以低速打發 30 秒~1 分鐘。★請把奶油打發成像美乃滋一樣的綿密。碗內緣的奶油呈角錐狀即完成。

02

砂糖分兩次倒入，電動攪拌器開低速打發 2~3 分鐘。
★請攪拌至麵糊變成象牙色為止。

03

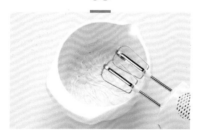

加入 1 顆雞蛋，以電動攪拌器開低速打發 1 分鐘，接著再放入 1 顆雞蛋，並且再打發 1 分鐘。
★請持續打發，直到麵糊變成乳化的奶油狀態。預熱烤箱

04

倒入過篩好的低筋麵粉和泡打粉，一邊轉動容器，一邊用刮勺由下往上攪拌，直到麵糊的 80% 混合為止。

做好的麵糊

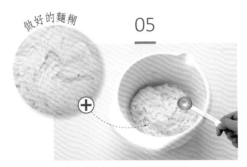

05

加進檸檬汁，用刮勺由下往上輕輕攪拌。★請注意不要過度攪拌，否則瑪芬的口感會變硬。

06

把做好的麵糊裝入擠花袋，擠花袋尖角約 2.5cm 處用剪刀剪開。擠麵糊時垂直豎立擠花袋，從鋪有烘焙紙的烤模底部開始填充，每格裝八分滿。

07

上面均勻撒上裝飾用的杏仁片。
★此步驟可省略。

08

要深深戳進瑪芬裡面

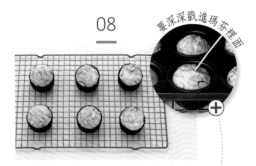

烤　放進預熱 180℃的烤箱中層，烤 20~25 分鐘。取出後放到冷卻網上放涼。★用牙籤戳入中心，如果沒有沾黏麵糊就表示都烤熟了。

Tip

在奶油乳酪瑪芬加入奶油乳酪內餡

在奶油乳酪瑪芬包覆奶油乳酪內餡，可使奶油乳酪的風味更加濃厚。
碗裡放入軟化的奶油乳酪 60g、軟化奶油 15g，再用電動攪拌器以低速打發 30 秒，
讓奶油變成綿密的狀態後，接著再加入 20g 糖粉攪拌 30 秒。
烤模鋪上烘焙紙，麵糊先填五分滿，正中間再擠上奶油乳酪內餡（約 10~12g），
然後再把麵糊填到八分滿。最後放進預熱 180℃的烤箱中層烤 20~25 分鐘即可。

紅蘿蔔瑪芬

用溫潤的瑪芬麵包和酸甜的奶油乳酪內餡製成，不管男女老少都很喜歡。紅蘿蔔含有豐富的維他命和 β 胡蘿蔔素，雖然加了大量的紅蘿蔔，但吃的時候幾乎感覺不到紅蘿蔔的味道和氣味，對討厭吃蔬菜的孩子來說是很棒的營養點心。

下直徑5.5×高4.5cm瑪芬模6~7個　⏱ 35~40分鐘　🔲 180℃　🗄 密閉容器_室溫3天

材料

- □ 紅蘿蔔 100g
- □ 雞蛋 2 顆
- □ 砂糖 100g
- □ 鹽 ½ 小匙
- □ 食用油（或葡萄籽油）
  90ml
- □ 高筋麵粉 90g
- □ 泡打粉 ½ 小匙
- □ 肉桂粉 1 小匙
- □ 碎核桃 20g

- □ 蔓越莓乾 20g

奶油乳酪餡
- □ 軟化的奶油乳酪
  100g
- □ 軟化奶油 25g
- □ 糖粉 30g

所需工具

碗　電動　刮勺　食物
　　攪拌器　　　調理機

篩網　擠花袋　瑪芬模

事前準備

1. 提前 1 小時從冰箱取出雞蛋、奶油乳酪
   和奶油，放在室溫退冰。
2. 瑪芬模鋪上烘焙紙。
3. 高筋麵粉、泡打粉和肉桂粉一起過篩。

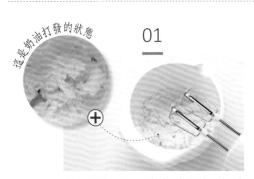

這是奶油打發的狀態

01

製作奶油乳酪餡 把奶油乳酪和奶油
放進碗裡，用電動攪拌器以低速打發
30 秒。接著加入糖粉再攪拌 30 秒。
把內餡麵糊裝入擠花袋，擠花袋尖角
約 2.5cm 處用剪刀剪開。

02

絞碎紅蘿蔔 紅蘿蔔放入食物調理
機，絞成 0.3cm 的大小。
★沒有食物調理機的話，也可以用削
皮機或刀子切碎。

03

製作麵糊 碗裡打 1 顆蛋，用電動攪
拌器以高速打 30 秒。★打到表面起
小泡泡為止。 預熱烤箱

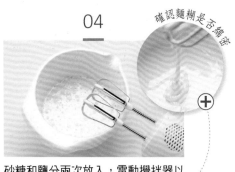

確認麵糊是否繼續

04

砂糖和鹽分兩次放入，電動攪拌器以
高速打發 2~3 分鐘。★麵糊像照片
一樣變成象牙色，撈起時滴下的麵糊
濃稠、綿密才是理想狀態。

141

05

繞著碗緣稍微倒入食用油，再用電動攪拌器以高速打發30秒，直到食用油和麵糊完全融合為止。

06

倒入過好篩的高筋麵粉、泡打粉和肉桂粉，一邊轉動容器，一邊用刮勺由下往上攪拌，直到麵糊的80%混合為止。

07

麵糊完成的狀態

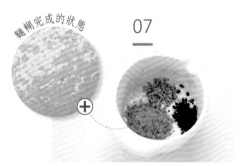

加入②的紅蘿蔔、搗碎的核桃和蔓越莓乾，再用刮勺由下往上輕輕攪拌。

08

稀麵糊這樣裝

把⑦裝入擠花袋，擠花袋尖角約2.5cm處用剪刀剪開。擠麵糊時垂直豎立擠花袋，從鋪有烘焙紙的烤模底部開始填充，每格裝七分滿。★把長筒鋪上擠花袋，裝稀麵糊更好裝。

09

把①的擠花口對準麵糊中心點，擠上奶油乳酪餡，直到九分滿為止。

10

烤 放進預熱180℃的烤箱中層，烤20~23分鐘。取出後放到冷卻網上放涼。★用牙籤戳入中心，如果沒有沾到麵糊就表示都烤熟了。

蘋果奶酥磅蛋糕

酸酸甜甜的蘋果餡搭配香噴噴的奶酥，形成絕妙好滋味。完成後放 1~2 天，
讓蘋果的水分和香氣均勻飄散，風味更上一層樓。用來送禮也很合適。

材料

□ 軟化奶油 200g
□ 砂糖 160g
□ 雞蛋 4 顆
□ 低筋麵粉 200g
□ 泡打粉 1 小匙

蘋果餡

□ 蘋果 1 顆（200g）
□ 奶油 15g
□ 砂糖 2 大匙
□ 肉桂粉 ¼ 小匙（可省略）

奶酥

□ 奶油 12g
□ 砂糖 12g
□ 低筋麵粉 12g
□ 杏仁粉 12g

所需工具

鍋子　碗　電動攪拌器　刮勺　篩網　磅蛋糕模

事前準備

1. 提前 1 小時從冰箱取出奶油和雞蛋，放在室溫退冰。
2. 磅蛋糕模鋪上烘焙紙。★烘焙紙鋪法請見 p26。
3. 麵糊中的低筋麵粉、泡打粉一起過篩。奶酥裡的低筋麵粉、杏仁粉一起過篩。

01

製作蘋果餡 蘋果去皮、去籽，切成 1cm 大小。鍋子加熱、放進奶油融化後加入蘋果，用中火炒 1 分鐘。

02

均勻撒上砂糖，一邊用刮勺翻攪，一邊用中火熬煮 5 分鐘，直到蘋果變軟、水分蒸發為止。熄火加入肉桂粉攪拌，再用大盤子盛裝待涼。

03

製作奶酥 把所有奶酥材料放進碗裡，電動攪拌器以中速攪拌 20~30 秒，把材料打成碎顆粒狀。

預熱烤箱

04

這是奶油打發的狀態

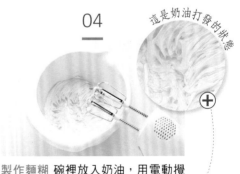

製作麵糊 碗裡放入奶油，用電動攪拌器以中速打 1 分鐘 ~1 分 30 秒。
★打發成像美乃滋一樣的綿密。碗內緣的奶油呈角錐狀表示完成。

瑪芬＆磅蛋糕

05

分三次放入砂糖，用電動攪拌器以中速打發 2~3 分鐘。
★請攪拌至麵糊變成象牙色為止。

06

這是乳化的奶油狀態

打 1 顆蛋，用電動攪拌器以中速打 1 分鐘，再加入 1 顆蛋，再打 1 分鐘。如此反覆，共打發 4 分鐘。
★請持續打發，直到麵糊變成乳化的奶油狀態。

07

放入過篩的低筋麵粉和泡打粉，一邊轉動容器，一邊用刮勺由下往上攪拌，直到麵糊的 80% 混合為止。

08

加入完全放涼的蘋果餡，用刮勺由下往上攪拌。
★請注意，蘋果餡如果沒有完全放涼，可能會導致奶油融化。

09

用刮勺整平，讓麵糊呈 U 字型

如照片所示，把完成的麵糊以中間低、周圍高的 U 字方式倒入鋪好烘焙紙的烤模中。再均勻撒上奶酥。

10

中間要劃一刀，成品才會漂亮

烤 放進預熱 180℃的烤箱中層，烤 15 分鐘後打開烤箱，用抹了食用油的刀子在蛋糕中間劃出 1cm 深的痕跡，接著再烤 35~38 分鐘。脫模後放到冷卻網上放涼。

檸檬磅蛋糕

飄散濃郁檸檬香的滑潤磅蛋糕，塗上一層檸檬糖衣，完成酸酸甜甜的口感。
據傳只要吃上一口，一整個星期的疲勞都會消失殆盡，所以也有「週末蛋糕」
（Weekend Cake）的美譽。根據個人喜好的不同，也可以用柳橙取代檸檬。

長25cm磅蛋糕模1個 1小時~1小時5分鐘 180℃ 密閉容器_室溫7天

材料

☐ 軟化奶油 200g
☐ 砂糖 180g
☐ 雞蛋 4 顆
☐ 低筋麵粉 210g
☐ 泡打粉 1 小匙
☐ 檸檬皮屑（整顆檸檬）
☐ 檸檬皮 50g（可省略）
☐ 碎核桃仁（或碎杏
　仁、碎胡桃）80g

檸檬糖衣
☐ 糖粉 100g
☐ 檸檬汁 1 份（30ml）

裝飾（可省略）
☐ 碎開心果 3 份

所需工具

碗　　電動　　刮勺　　篩網　　磅蛋糕模　抹刀
　　　攪拌器

事前準備

1. 奶油和雞蛋提早 1 小時從冰箱取出，靜置在
　室溫中。
2. 磅蛋糕模鋪上烘焙紙。★烘焙紙鋪法請見 p26。
3. 低筋麵粉和泡打粉一起過篩。

01

這是奶油打發的狀態

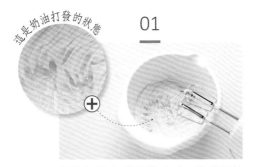

製作麵糊 奶油放進大碗，電動攪拌
器開中速打發 1 分 ~1 分 30 秒。
★請把奶油打發成像美乃滋一樣的綿
密狀態。碗內緣的奶油呈角錐狀時就
表示完成囉。預熱烤箱

02

砂糖分三次放入，用電動攪拌器開中
速，打發約 2~3 分鐘。
★請攪拌至麵糊變成象牙色為止。

03

這是乳化的奶油狀態

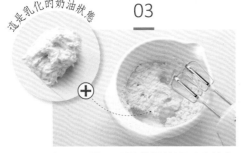

打 1 顆蛋，用電動攪拌器以中速打
1 分鐘，再加入 1 顆蛋，再打 1 分
鐘。如此反覆，共打發 4 分鐘。
★請持續打發，直到麵糊變成乳化的
奶油狀態。預熱烤箱

04

放入過篩的低筋麵粉和泡打粉，用
刮勺沿著碗緣由下往上攪拌，直到
80% 的麵粉和泡打粉混合為止。

05

加入檸檬皮屑、檸檬皮和碎核桃仁，
再用刮勻由下往上攪拌。
★請注意不要過度攪拌，否則磅蛋糕
的口感會變硬。

06

把完成的麵糊以中間低、周圍高的 U
字方式倒入鋪好烘焙紙的烤模中。

07

烤 烤箱預熱 180℃，把烤模放進烤
箱中層烤 15 分鐘後，打開烤箱，用
抹了食用油的刀子在蛋糕中間劃出
1cm 深的痕跡。接著再多烤 30~35
分鐘，脫模後放到冷卻網上待涼。

08

等磅蛋糕完全冷卻後，再用麵包刀平
切蓬起的上半部。★也可以不切，直
接在上半部抹上糖衣。

09

裝飾檸檬糖衣 小碗放入製作檸檬糖
衣用的糖粉和檸檬汁，再用湯匙均勻
攪拌。

10

跟照片一樣，把⑧倒扣在冷卻網，用
抹刀把磅蛋糕的正面和側面都均勻塗
上糖衣。正面撒上搗碎的開心果。
★趁糖衣冷卻前快速塗抹，才能抹得
均勻又漂亮。

巧克力大理石磅蛋糕

不規則的大理石模樣是這個磅蛋糕的賣點。
奶油的風味和巧克力甜中帶苦的味道相互融合，從小孩到大人都很喜歡。
準備熱茶和巧克力大理石磅蛋糕，和家人度過下午茶時間吧！

長25cm磅蛋糕模1個　 1小時~1小時5分鐘　 180℃　 密閉容器_室溫7天

材料

□ 軟化奶油 200g
□ 砂糖 150g
□ 鹽 ⅛ 小匙
□ 雞蛋 3 顆
□ 低筋麵粉 180g
□ 泡打粉 1 小匙
□ 牛奶 2 大匙
□ 巧克力豆
　（或碎胡桃）50g

巧克力麵糊
□ 可可粉 15g
□ 杏仁粉 30g
□ 牛奶 1 大匙

所需工具

碗　電動攪拌器　刮勺　篩網　磅蛋糕模

事前準備

1. 提前 1 小時從冰箱取出奶油和雞蛋，放在室溫退冰。
2. 磅蛋糕模鋪上烘焙紙。★烘焙紙鋪法請見 p26。
3. 麵糊中的低筋麵粉、泡打粉一起過篩。
　巧克力麵糊中的可可粉、杏仁粉一起過篩。

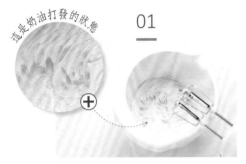

這是奶油打發的狀態

01

製作麵糊　奶油放進大碗，用電動攪拌器以中速打 1 分鐘~1 分 30 秒。
★打發成像美乃滋一樣的綿密狀態。碗內緣的奶油呈角錐狀表示完成。

02

分三次放入砂糖和鹽，用電動攪拌器以中速打發 2~3 分鐘。
★攪拌至麵糊變成象牙色為止。

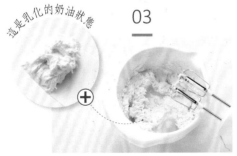

這是乳化的奶油狀態

03

放入 1 顆雞蛋，電動攪拌器開中速先打 1 分鐘，再放入 1 顆雞蛋後再打 1 分鐘。如此反覆，共打 4 分鐘。
★請打發至麵糊變成乳化狀態為止。

預熱烤箱

04

倒入過篩好的低筋麵粉和泡打粉，一邊轉動容器，一邊用刮勺由下往上攪拌，直到麵糊的 80% 混合為止。

05

麵糊完成的狀態

倒入牛奶，用刮勺由下往上翻攪，再加入巧克力豆輕輕攪拌。
★請注意不要過度攪拌，否則磅蛋糕的口感會變硬。

06

混合巧克力麵糊 取½的麵糊⑤裝到另一只碗，再加入過篩的可可粉、杏仁粉和牛奶，用刮勺由下往上輕輕攪拌。

07

攪拌 3 次，製作大理石紋

把⑥的巧克力麵糊放進⑤中，一邊轉動容器，一邊用刮勺由下往上攪拌 3 次。★請注意，攪拌 3 次以上會破壞大理石紋路。

08

用刮勺整平，讓麵糊呈 U 字型

如圖所示，把完成的麵糊以中間低、周圍高的 U 字方式倒入鋪好烘焙紙的烤模中。

09

烤 烤箱預熱 180℃，把烤模放進烤箱中層烤 15 分鐘後，打開烤箱，用抹了食用油的刀子在蛋糕中間劃出1cm 深的痕跡。★劃上一刀，可以讓中間膨脹，磅蛋糕的形狀較勻整。

10

再放回 180℃的烤箱中層烤 35~38 分鐘，脫模後放到冷卻網上放涼。★劃上刀痕烤 15 分鐘後，如果正面的顏色變得太深，請先鋪上鐵氟龍布（或鋁箔紙）再繼續烤。

香蕉燕麥磅蛋糕

加入甜美的香蕉和香酥的燕麥製成，口感清爽。完成後放 1~2 天，
香蕉的水分和香氣自然釋出，口感最為溫潤好吃。根據個人喜好的不
同，也可以減少燕麥的分量，改放胡桃、核桃、巧克力豆等。

Letters

長25cm磅蛋糕模1個 ⏱ 1小時~1小時5分鐘 🍳 180℃ 🗄 密閉容器_室溫5天

材料

□ 香蕉 3 根（300g）
□ 軟化奶油 160g
□ 砂糖 140g
□ 鹽 ¼ 小匙
□ 雞蛋 3 顆
□ 低筋麵粉 300g
□ 泡打粉 1 小匙
□ 碎核桃 40g
□ 燕麥 40g

裝飾（可省略）
□ 燕麥 5g

所需工具

碗　電動攪拌器　刮勺　篩網　磅蛋糕模

事前準備

1. 提前 1 小時從冰箱取出奶油和雞蛋，放在室溫退冰。
2. 磅蛋糕模鋪上烘焙紙。★烘焙紙鋪法請見 p26。
3. 低筋麵粉、泡打粉一起過篩。

01

壓碎香蕉 用叉子把香蕉壓碎。

02

這是奶油打發的狀態

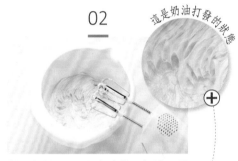

製作麵糊 取一只大碗放入奶油，用電動攪拌器以中速打 1 分鐘~1 分 30 秒。★打發成像美乃滋一樣的綿密狀態。碗內緣的奶油呈角錐狀。

03

分三次放入砂糖和鹽，用電動攪拌器以中速打發 2~3 分鐘。
★請攪拌至麵糊變成象牙色為止。

04

這是乳化的奶油狀態

打 1 顆蛋，用電動攪拌器以中速打 1 分鐘，再加入 1 顆蛋，再打 1 分鐘。如此反覆，共打發 3 分鐘。
★請持續打發，直到麵糊變成乳化的奶油狀態。預熱烤箱

153

05

倒入過篩的低筋麵粉和泡打粉，一邊轉動容器，一邊用刮勺由下往上攪拌，直到麵糊的 80% 混合為止。

06

放進壓碎的香蕉，用刮勺由下往上翻攪均勻。

07

加入搗碎的核桃、燕麥，用刮勺由下往上輕輕攪拌。
★請注意不要過度攪拌，否則磅蛋糕的口感會變硬。

08

把完成的麵糊以中間低、周圍高的 U 字方式倒入鋪好烘焙紙的烤模中。

如照片所示，把完成的麵糊以中間低、周圍高的 U 字方式倒入鋪好烘焙紙的烤模中。

09

正面撒上裝飾用燕麥。
★本步驟可省略。

10

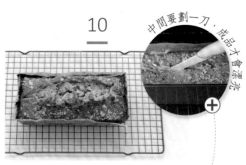

中間要劃一刀，成品才會漂亮

烤 烤箱預熱 180℃，把烤模放進烤箱中層烤 15 分鐘後，打開烤箱，用抹了食用油的刀子在蛋糕中間劃出 1cm 深的痕跡。接著再多烤 35~38 分鐘，脫模後放到冷卻網上待涼。

蔬菜磅蛋糕

蔬菜磅蛋糕在日本相當受到喜愛。
甜甜的磅蛋糕加入帶有鹹味的蔬菜，
法文稱作 Cake Salé，就是「鹹味蛋糕」的意思。
把蔬菜磅蛋糕加熱，佐以沙拉，代替正餐食用也很適合。

長25cm磅蛋糕模1個 　 1小時~1小時5分鐘 　 180℃ 　 密閉容器_室溫5天

材料

□ 軟化奶油 120g
□ 砂糖 100g
□ 鹽 ¼ 小匙
□ 雞蛋 3 顆
□ 低筋麵粉 150g
□ 泡打粉 1 ½ 小匙
□ 帕瑪森起司粉 45g
□ 牛奶 30ml

蔬菜餡
□ 培根 4 條
　（長的，56g）
□ 洋蔥 ¼ 個（50g）
□ 青椒 ¼ 個（50g）
□ 花椰菜 ⅙ 個（50g）
□ 食用油 1 小匙
□ 鹽 ⅛ 小匙
□ 胡椒粉 ⅛ 小匙

所需工具

平底鍋　碗　電動攪拌器　刮勺　篩網　磅蛋糕模

事前準備

1. 提前 1 小時從冰箱取出奶油和雞蛋，放在室溫退冰。
2. 磅蛋糕模鋪上烘焙紙。★烘焙紙鋪法請見 p26。
3. 低筋麵粉、泡打粉一起過篩。
4. 洋蔥、青椒、花椰菜、培根切成 1cm 的大小。

01

製作蔬菜餡 鍋子加熱，放入培根用小火快炒 3 分鐘。盛起後放到廚房紙巾上吸油。

02

①的鍋子用廚房紙巾擦拭後再次加熱。淋上食用油，放進洋蔥、青椒、花椰菜、鹽、胡椒粉後，用中火②炒 3 分鐘。盛起後放到廚房紙巾上吸油。

03

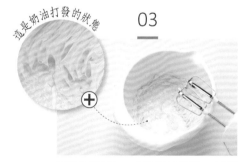

這是奶油打發的狀態

製作麵糊 取一大碗放入奶油，用電動攪拌器以中速打發 1 分鐘 ~1 分 30 秒。★打發成像美乃滋一樣的綿密狀態。碗內緣的奶油呈角錐狀。

04

分三次放入砂糖和鹽，用電動攪拌器以中速打發 2~3 分鐘。
★請攪拌至麵糊變成象牙色為止。

瑪芬＆磅蛋糕

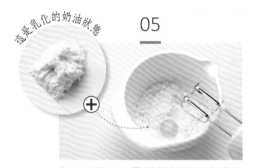

這是乳化的奶油狀態

05

打 1 顆蛋，用電動攪拌器以中速打
1 分鐘，再加入 1 顆蛋，再打 1 分
鐘。如此反覆，共打發 3 分鐘。
★請持續打發，直到麵糊變成乳化的
奶油狀態。

06

倒入過好篩的低筋麵粉、泡打粉和
帕瑪森起司粉，一邊轉動容器，一
邊用刮勺由下往上攪拌，直到麵糊的
80% 混合為止。

07

倒入牛奶，用刮勺由下往上翻攪。
★請注意不要過度攪拌，否則磅蛋糕
的口感會變硬。

08

加入完全放涼的培根、洋蔥、青椒、
花椰菜，用刮勺由下往上翻攪。
★預留 1 大匙的蔬菜做裝飾。

加上裝飾用蔬菜

09

如照片所示，把完成的麵糊以中間
低、周圍高的 U 字方式倒入鋪好烘
焙紙的烤模中。表面均勻撒上裝飾用
的蔬菜。

10

烤 放進預熱 180℃的烤箱中層，烤
15 分鐘後打開烤箱，用抹了食用油
的刀子在蛋糕中間劃出 1cm 深的痕
跡，接著再烤 30~32 分鐘。脫模後
放到冷卻網上放涼。

+ 簡單的**瑪芬裝飾**

瑪芬烤好後擠上發泡奶油或奶油霜，試試動手做漂亮的杯子蛋糕吧！只要有基本的圓形花嘴、星形花嘴或小抹刀，就能簡單做出漂亮的裝飾。

材料（可裝飾6個瑪芬）

☐ 鮮奶油 300ml
☐ 砂糖 25g
☐ 食用色素少許
★請見 p210 步驟⑩打發鮮奶油。

鮮奶油裝飾 1：圓形花嘴

01　擠花袋傾斜45度角，從瑪芬外圈開始微微出力擠上奶油，接著放鬆往內拉，擠成水滴狀。

02　用相同方法從外層往內層擠上奶油。最上層中間的部分，請先垂直立起擠花袋，再以放鬆的姿態輕輕提起。

鮮奶油裝飾 2：星形花嘴

01　擠花袋傾斜45度角，從瑪芬外圈開始微微出力擠上奶油。擠花嘴稍微往外提起，再往內拉擠出奶油。

02　用相同方法從外層往內層擠上奶油。最上層中間的部分，請先垂直立起擠花袋，再以放鬆的姿態輕輕提起。

材料（可裝飾 6 個瑪芬）

□ 軟化奶油 100g
□ 糖粉 50g
□ 鮮奶油 2 大匙
□ 食用色素少許
★請見 p55 的步驟①打發
奶油霜。

奶油霜裝飾 1：平整樣式

01　瑪芬傾斜 45 度角，用抹刀
　　抹上奶油，再從瑪芬外側開
　　始一邊旋轉手腕，一邊用稍
　　微按壓的方式塗抹奶油。

02　用抹刀把外側整平後，再用
　　刀尖按壓中間，邊按邊旋
　　轉，整成盆地的形狀。

奶油霜裝飾 2：不規則樣式

01　瑪芬傾斜 45 度角，用抹刀
　　抹上奶油，再從瑪芬外側開
　　始一邊旋轉手腕，一邊用稍
　　微按壓的方式塗抹奶油。

02　用抹刀按壓奶油霜再往上拉
　　提，做出尖角。

TARTE
&
PIE

只要學會內餡變化，
就能做出 10 道咖啡廳人氣塔 & 派

像餅乾一樣酥脆香甜的塔皮，還有像小糕餅一樣爽口的派點心！完美
學會兩種麵團，家裡也能隨時變身成家庭咖啡廳。把塔皮內餡放到派
皮裡烤，或是把派的內餡放到塔皮裡烤都沒問題，按照個人喜好選擇
內餡和麵團，變化出各種塔皮和派點心的組合吧！

基本塔皮（甜酥塔皮）

甜酥塔皮（Pâte sucrée）在法文中是「甜麵團」的意思。把乳霜化的奶油加入砂糖和粉類材料攪拌，帶有如同沙粒般的沙沙口感。這款麵團的糖分比例重，和奶油、甜內餡是天作之合。只要學會基本的塔皮麵團作法，再搭配各種內餡變化，就能做出各式各樣的塔皮點心。

直徑18cm塔模1個　30~35分鐘（＋靜置1小時30分鐘）　180℃

麵團：保鮮袋_冷凍15天／烘烤後：密封保存_室溫2天

| 材料

☐ 軟化奶油 60g
☐ 糖粉 25g
☐ 蛋黃 1 顆
☐ 低筋麵粉 120g

| 所需工具

碗　　電動　　刮勺　篩網　桿麵棍　　塔模
　　　攪拌器

| 事前準備

1. 提前 1 小時從冰箱取出奶油，放在室溫退冰。
2. 低筋麵粉過篩。

01

製作麵團 取一大碗放入奶油，用電動攪拌器以低速打發 20~30 秒。
★請持續打發，直到麵糊變成乳化的奶油狀態。

02

用刮勺刮下沾黏在碗內緣的麵團並推攏。★到步驟⑤為止，製作的過程中要不時把碗內緣的麵團刮下、推整，麵團攪拌才均勻。

先用刮勺攪拌糖粉

03

加入糖粉，用電動攪拌器以低速攪拌 15~30 秒。
★先用刮勺攪拌糖粉，之後用電動攪拌器攪拌時，糖粉才不會四處亂飛。

04

加入蛋黃，用電動攪拌器以低速攪拌 15~30 秒。

這是麵團攪拌好的狀態

05

倒入過篩的麵粉，邊轉動碗，邊用刮勺以按壓的方式攪拌，直到麵粉和麵團完全混合。★必須以按壓的方式攪拌，才能將麵團生成的麩質減到最少，塔皮口感才會酥脆。

06

把⑤的麵團放進塑膠袋，壓平後放入冷藏，靜置 1 小時以上。

07

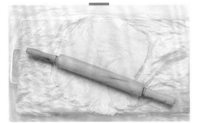

放入塔模 把⑥的麵團上下都鋪上塑膠袋，再用桿麵棍桿壓成厚 0.3cm、直徑 21cm 的大小。
★過程中可以不時撒些麵粉，麵團才不會黏在塑膠袋上。

08

放上烤模確認大小

如果不太會整成圓形，也可以像圖一樣，用刮板切掉多餘的麵團再重新黏上，整成圓形。完成後用桿麵棍壓平。★過程中隨時放上塔皮烤模當基準，方便測量大小。

09

麵團的兩面都撒上些許麵粉。撕掉正面的塑膠袋，接著像照片一樣把烤模倒扣在麵團上。

10

如圖所示，右手扶住下面的塑膠袋，左手放到烤模上面，小心翻面。

11

小心地把麵團放入烤模，再撕掉塑膠袋。用手指輕輕按壓內緣底部，讓麵團緊貼烤模。

12

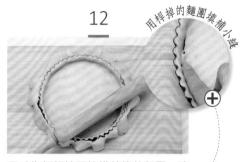

用桿掉的麵團填補小縫

用手指輕輕按壓烤模外緣的麵團，讓麵團平貼烤模。★再像照片一樣，使用桿麵棍桿掉多餘的麵團。

13

左手抓住烤模旋轉，右手如圖所示，用拇指按壓烤模內緣，用食指按壓烤模上緣，把邊角的麵團整齊。★一定要把麵團壓緊，避免空氣進入麵團和烤模間，烤出來才會漂亮。

14

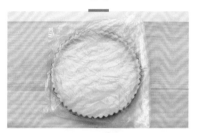

連烤模一起裝進塑膠袋，冷藏靜置30分鐘。★麵團要靜置一段時間，烤出來的塔皮形狀才會均勻。等待的時間可以拿來製作內餡。預熱烤箱

15

烤塔皮 使用叉子沿著周圍戳洞，也在中間戳出一些洞來。★麵團戳洞，是為了讓烤模底部和麵團之間的空氣飄散，底部烤出來才會平整。

16

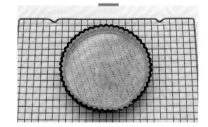

放入已預熱180℃的烤箱中層，烤20分鐘。取出後連烤模一起放到冷卻網等待完全冷卻後脫模。★烤的過程中記得旋轉一次方向，烤出來才會均勻漂亮。

檸檬蛋白塔

用酥脆的塔皮、酸酸的檸檬奶油餡和
甜滋滋的蛋白霜製成的魅惑檸檬塔。
喜歡甜食的人可以自行將義大利蛋白
霜的量加倍，冷藏食用風味更佳。

直径18cm塔模1個　　1小時10分鐘~1小時20分鐘（＋靜置＆凝固3小時30分鐘）　　180℃

密封保存_3~5℃冷藏2天

材料

□ 直徑 18cm 塔皮 1 份
★作法請見 p162

檸檬卡士達醬
□ 蛋黃 3 顆
□ 雞蛋 1 顆
□ 砂糖 130g
□ 檸檬汁 2 份（60ml）
□ 檸檬皮屑 2 份（2g）
□ 奶油 155g

義大利蛋白霜
□ 蛋白 2 份（60g）
□ 砂糖 A 30g
□ 水 30ml
□ 砂糖 B 90g

裝飾（可省略）
□ 碎開心果 1 大匙
□ 薄荷葉少許

所需工具

碗　　攪拌器　　鍋子　　刮勺

電動　　桿麵棍　　塔模　　擠花袋　圓形花嘴
攪拌器

事前準備

1. 將擠花袋裝上圓形花嘴。

01

烤塔皮　請見 p162 製作塔皮麵團，填入塔模後冷藏 30 分鐘。 預熱烤箱

02

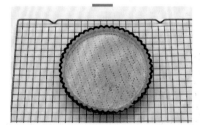

使用叉子沿著周圍戳洞，也在中間戳出一些洞來。放入已預熱 180℃的烤箱中層，烘烤 20 分鐘。取出後連烤模一起放到冷卻網等待完全冷卻。

03

製作檸檬卡士達醬　碗裡放入蛋黃、全蛋、砂糖、檸檬汁、檸檬皮屑，再用攪拌器均勻攪拌至砂糖融化為止。

04

把③倒進鍋子，用攪拌器快速攪拌，並用中火煮 3~4 分鐘。
★鍋子底部和鍋緣容易燒焦，所以要用攪拌器均勻攪拌。

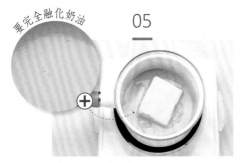

05

熄火後放入奶油，用攪拌器均勻地攪拌使奶油融化。

06

將⑤檸檬卡士達醬倒入大容器，裹上保鮮膜後放入冰箱冷藏，使醬汁完全冷卻。

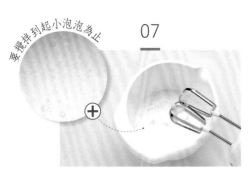

07

製作義大利蛋白霜 取一大碗放入蛋白，用電動攪拌器高速攪拌 20 秒，直到表面產生小泡泡為止。

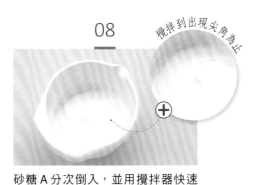

08

砂糖 A 分次倒入，並用攪拌器快速攪拌 1 分 40 秒 ~2 分鐘。
★必須攪拌到抽出攪拌器時，蛋白出現尖角的形狀為止。

09

選一只厚底鍋放入水和砂糖 B，用中火融化砂糖。融化時稍微傾斜鍋子，鍋底冒出小泡後再多煮 40~50 秒。
★攪拌會結塊，所以請用刮勺輔助，以傾斜鍋子的方式融化。

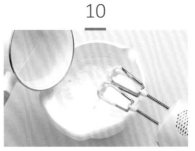

10

把⑨一點一點倒入⑧的容器中，再用電動攪拌器高速攪拌 1 分 40 秒 ~2 分鐘。

11

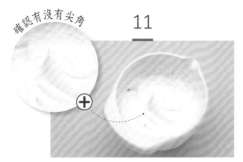

確認有沒有尖角

糖漿全數倒入後慢慢調低攪拌速度，
持續攪拌 2 分鐘。
★攪拌至蛋白霜變得光滑，抽出攪拌
器時會出現尖角為止。

12

完成　把⑥冷卻的檸檬卡士達醬完全
倒入②烤好的塔皮中。 預熱烤箱

13

把⑪倒進裝有擠花嘴的擠花袋。擠花
袋垂直 90 度角，如圖所示，以向上
提的方式擠出直徑 2cm 的角錐狀。

14

放到預熱 180℃的烤箱中層烤 3~5 分
鐘。取出後連模放進冰箱冷藏 2 小時
以上，讓塔定型。脫模後再撒上開心
果裝飾。★如果有烘焙專用噴火槍，
可以在表面稍微噴劃一下。

Tip

洗滌檸檬

先用小蘇打粉或鹽大力搓揉，稍微靜置後再放到熱水中滾動一下，
接著再用冷水沖洗，就能把農藥洗乾淨。

製作檸檬皮屑

先用水果刀把檸檬去皮，再利用削皮器或刨絲器輔助，就能簡便地取得檸檬皮屑。
另外，如果摻入檸檬皮的白色部分會使成品帶苦味，所以請盡可能的削薄一點。

巧克力塔

把濃郁的生巧克力滿滿地注入香甜塔皮製成的點心。喜歡甜味的人也可以把調溫巧克力和調溫牛奶巧克力等半混和。濕潤的生巧克力適合搭配像腰果或開心果這類口感溫和的堅果內餡。

直徑18cm塔模1個　　50分鐘~1小時（+靜置＆定型1小時30分鐘）　180℃

密封保存_3~5℃冷藏2天

材料

□ 直徑 18cm 塔皮 1 份
★作法請見 p162

生巧克力
□ 鮮奶油 75ml
□ 調溫巧克力 90g
□ 奶油 30g
□ 橘子酒½小匙
　（可省略）

堅果內餡
□ 開心果 30g
□ 腰果 30g

裝飾（可省略）
□ 糖粉少許
□ 可可粉少許
□ 開心果 1 小匙

所需工具

碗　　刮勺　　鍋子　　篩網　　桿麵棍　　塔模

事前準備

1. 將調溫巧克力切小塊。

01

烤塔皮 請見 p162 製作塔皮麵團，填入塔模後放進冷藏靜置 30 分鐘。

預熱烤箱

02

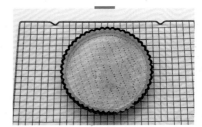

使用叉子沿著周圍戳洞，也在中間戳出一些洞來。放入已預熱 180℃ 的烤箱中層，烤 20 分鐘。取出後連烤模一起放到冷卻網等待完全冷卻。

03

準備內餡 把開心果和腰果切成 0.5cm 的大小做內餡用。裝飾用的開心果切碎。

04

加熱至微微滾沸冒泡

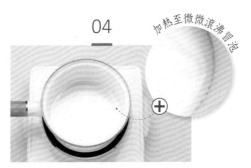

製作生巧克力 把鮮奶油放進鍋子，用中火加熱，直到邊邊微微煮沸、冒泡為止。

放進奶油，邊攪拌邊融化

05

把切小塊的巧克力放進④的鍋子，用刮
勺攪拌融化。再放進奶油，攪拌融化。
★液態巧克力的溫度太高，可能會和奶
油分離。因此加熱鮮奶油時，如果溫度
過高，請先稍涼後再加入巧克力。

06

將⑤裝到碗裡，再加入內餡用的開心
果、腰果、橘子酒輕輕攪拌。

07

完成 把⑥注入②烤好的塔皮內。★溫度
太高，會讓塔皮變軟，因此請先把⑥放
涼到和體溫（36~37℃）差不多的溫度
再注入塔皮。反之，如果⑥變硬定型，
則先隔水加熱稍融後再注入塔皮內。

08

放入冷藏靜置 1 小時以上，定型後連
模取出。撒上裝飾用的糖粉、可可粉
和切碎的開心果。

Tip

動手做焦糖香蕉巧克力塔

香甜的香蕉搭配巧克力再合適不過了，試著加入香蕉，做出風味絕佳的巧克力塔吧！
先選一只厚底鍋，倒入 10g 砂糖和 1 小匙蜂蜜（或果糖），
用小火不攪拌煮 6~7 分鐘，直到砂糖變成咖啡色。
接著再加入 5g 的奶油，奶油融化後繼續用小火再多煮 30 秒 ~1 分鐘後熄火。
加入 1 根寬切成 1.5cm 的香蕉片，輕輕攪拌後裝到另外一個盤子待涼。
把焦糖香蕉放進烤過的塔皮，再注入生巧克力，最後放到冰箱冷藏定型。

水果塔

混和打發的鮮奶油和卡士達醬製成香甜、溫潤的奶油醬，
上面再放上酸酸甜甜的水果。按照季節的不同，
選擇水分少的當季新鮮水果，做出專屬自己的水果塔點心。
水果可以只挑一種，也可以混和多種水果，創造多樣的變化。

直徑 18cm 塔模 1 個 　 1 小時 10 分鐘~1 小時 20 分鐘（＋靜置＆定型 3 小時 30 分鐘） 　 180℃

密封保存_3~5℃冷藏 2 天

材料

□ 直徑 18cm 塔皮 1 份
★作法請見 p162

檸檬卡士達醬
□ 蛋黃 3 顆
□ 砂糖 A 50g
□ 低筋麵粉 10g
□ 玉米粉 10g
□ 牛奶 250ml
□ 奶油 10g

□ 鮮奶油 50g
□ 砂糖 B 1 小匙
□ 橘子酒 1 小匙
　（可省略）

水果裝飾
□ 草莓約 20 顆
□ 藍莓約 20 顆
□ 糖粉少許
　（可省略）

所需工具

碗　攪拌器　刮勺　鍋子　桿麵棍　塔模

事前準備

1. 低筋麵粉和玉米粉一起過篩。
2. 水果用水洗淨，再用廚房紙巾完全擦乾。

01

烤塔皮 請見 p162 製作塔皮麵團，填入塔模後放進冷藏靜置 30 分鐘。
預熱烤箱

02

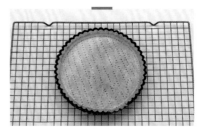

使用叉子沿著周圍戳洞，也在中間戳出一些洞來。放入已預熱 180℃的烤箱中層，烘烤 20 分鐘。取出後連烤模一起放到冷卻網等待完全冷卻。

03

製作檸檬卡士達醬 碗裡放入蛋黃，用攪拌器把蛋黃打散。接著加入砂糖 A 打發 1 分鐘，直到表面變成淡黃色。★蛋黃加入砂糖後必須馬上攪拌，否則會結塊。

04

倒入過篩的低筋麵粉和玉米粉，用攪拌器均勻攪拌。

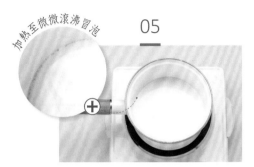

加熱至微微滾沸冒泡

05

把鮮奶油放進鍋子，用中火加熱，直到邊邊微微煮沸、冒泡為止。

06

將⑤的牛奶分批倒入④的碗裡，再用攪拌器快速攪拌。★熱牛奶一次全部加入可能會讓蛋黃變熟、結塊，所以分次倒入並快速攪拌。

07

把⑥倒入鍋子，用攪拌器快速攪拌，並用中火煮 1 分 30 秒 ~2 分鐘。★鍋子底部和鍋緣的麵糊容易燒焦，所以要用攪拌器均勻攪拌。

08

等到麵糊表面出現油光，中間也冒泡後便熄火。★卡士達醬做好後如果出現結塊，請過篩一次。

09

將檸檬卡士達醬倒入大容器，裹上保鮮膜後放到冰箱，使醬汁完全冷卻。★保鮮膜要貼覆卡士達醬表面，隔絕空氣，並快速冷卻才不會滋生細菌。

10

製作卡士達醬內餡 等卡士達醬完全冷卻後再挪裝到碗裡。用攪拌器攪拌，直到醬汁變成乳化的奶油狀。

打到奶油出現尖角

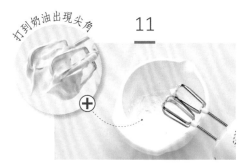

11

碗裡放入鮮奶油，用電動攪拌器以中速打發 15~20 秒。加入砂糖 B 再打發 30 秒。★必須攪拌到抽出攪拌器時，出現尖角的形狀為止。

12

⑪的鮮奶油取½加入⑩的碗中，再加入橘子酒，用刮勺由下往上攪拌。接著加入剩下的鮮奶油，再用刮勺輕輕攪拌。

13

完成 把⑫倒入②烤過的塔皮，放到冷藏靜置 2 小時以上，定型後連模取出。

14

草莓去蒂對切，把草莓和藍莓放到塔上，再撒上糖粉。
★⑬冷卻後也可先切塊，再放上水果，外觀會更乾淨俐落。

無花果塔

美味的杏仁奶油搭配清爽有嚼勁的無花果製成。
烤過的杏仁奶油不僅適合搭配水果乾，搭配堅果類、糖漬栗子、
地瓜和蘋果也毫無違合感，變化範圍相當廣。

直径 18cm 塔模 1 個　　50 分鐘 ~1 小時（+靜置＆醃漬無花果 1 小時）　　180℃

密封保存 _3~5℃冷藏 2 天

材料

□ 直徑 18cm 塔皮 1 份
★作法請見 p162

杏仁奶油
□ 軟化奶油 80g
□ 砂糖 80g
□ 雞蛋 2 顆
□ 杏仁粉 80g
□ 低筋麵粉 10g

無花果內餡
□ 半乾燥無花果 70g
□ 蘭姆酒 ½ 大匙

裝飾
□ 半乾燥無花果 7 個
□ 蘭姆酒 ½ 大匙

所需工具

碗　　電動攪拌器　刮勺

篩網　桿麵棍　塔模　刮板

事前準備

1. 提前 1 小時從冰箱取出奶油和雞蛋，放在室溫退冰。
2. 杏仁粉和低筋麵粉一起過篩。

01

準備塔皮 請見 p162 製作塔皮麵團，填入塔模後放進冷藏靜置 30 分鐘。

02

內餡用　　　裝飾用

醃漬無花果 內餡用無花果切成 0.5cm 小塊，裝飾用無花果則按照形狀切對半。

03

②的無花果分別裝碗，倒入蘭姆酒醃漬 30 分鐘 ~1 小時。★過程中請用湯匙攪拌，讓無花果均勻醃漬。若使用無花果乾，請先用糖水（水 2 杯 + 砂糖 2 大匙）煮 3~5 分鐘再使用。

04

製作杏仁奶油 取大碗，放入奶油用電動攪拌器以低速打發 20~30 秒。★請持續打發，直到麵糊變成乳化的奶油狀態。 預熱烤箱

05

加入砂糖，用電動攪拌器以低速攪拌
20~30 秒，再加入雞蛋攪拌 20~30
秒。

06

這是杏仁奶油完成時狀態

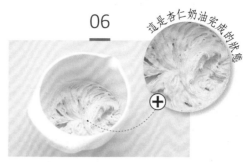

倒入過篩的杏仁粉和低筋麵粉，用電
動攪拌器以低速攪拌 15 秒。

07

放入內餡用的無花果，用刮勺輕輕攪
拌均勻。

08

用叉子在底部戳洞

使用叉子沿著①的周圍戳洞，中間也
戳出一些洞來。如圖所示，倒入⑦杏
仁奶油後用刮板把表面整平。

09

擺上裝飾用的無花果，稍微壓一下。

10

烤 放入已預熱 180℃的烤箱下層，
烤 35~38 分鐘。取出後連烤模一起
放到冷卻網等待完全冷卻後脫模。
★烤的過程中記得旋轉一次方向，烤
出來才會均勻漂亮。

焦糖堅果塔

微烤過的堅果淋上焦糖糖漿，再墊以杏仁奶油完成的香甜塔皮。比起單用堅果作內餡，把香酥的堅果搭配柔軟的杏仁奶油，更能品嚐到高貴的風味。

材料

□ 直徑 18cm 塔皮 1 份
★ 作法請見 p162

杏仁奶油
□ 軟化奶油 45g
□ 砂糖 45g
□ 雞蛋 1 顆
□ 杏仁粉 35g
□ 低筋麵粉 35g
□ 蘭姆酒（或牛奶）
　 1 小匙

焦糖堅果
□ 砂糖 90g
□ 蜂蜜 30g
□ 水 1 ½ 大匙
□ 溫的鮮奶油 45ml
□ 奶油 15g
□ 胡桃 60g
□ 核桃 60g
□ 開心果 30g
□ 腰果 30g

所需工具

碗　　電動　　刮勺　鍋子　桿麵棍　塔模
　　攪拌器

事前準備

1. 提前 1 小時從冰箱取出奶油和雞蛋，放在室溫退冰。
2. 杏仁粉和低筋麵粉一起過篩。
3. 鮮奶油隔水（或用微波爐）加熱。

01

準備塔皮 請見 p162 製作塔皮麵團，填入塔模後放進冷藏靜置 30 分鐘。

02

製作杏仁奶油 取大碗，放入奶油後用電動攪拌器以低速打發 20~30 秒。
★ 請持續打發，直到麵糊變成乳化的奶油狀態。 預熱烤箱

03

加入砂糖，用電動攪拌器以低速攪拌 20~30 秒，再加入雞蛋攪拌 15~20 秒。

04

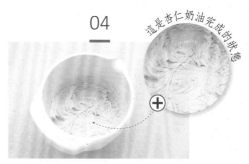

這是杏仁奶油完成的狀態

倒入過篩好的杏仁粉和低筋麵粉、蘭姆酒，用電動攪拌器以低速攪拌 15 秒。

用叉子在底部戳洞

05

使用叉子沿著①的周圍戳洞，中間也戳出一些洞來。如圖所示，倒入④杏仁奶油後用刮板把表面整平。

06

烤 放入已預熱 180℃的烤箱中層，烤 30~35 分鐘。
★烤的過程中記得旋轉一次方向，烤出來才會均勻漂亮。

07

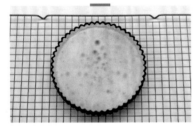

取出後連烤模一起放到冷卻網，等待完全冷卻後脫模。

08

製作焦糖堅果 烤盤鋪上烘焙紙，再鋪滿堅果。放進已預熱 180℃的烤箱中層，烤 3~5 分鐘。★堅果類事先烤過，味道更香脆。

09

鍋子放入砂糖、蜂蜜和水，用中火慢煮 5 分 30 秒 ~6 分鐘，一邊旋轉鍋子，直到砂糖完全融化，表面變成黃色為止。★攪拌砂糖會產生結晶，因此請勿用刮勺攪拌，改以旋轉鍋子的方式融化砂糖。

10

熄火，繼續旋轉鍋子 30 秒，用餘熱把砂糖煮成咖啡色的糖漿。

11

放進一點溫熱的鮮奶油

溫的鮮奶油分三次倒入拌勻。倒的時候煮沸的泡泡會一直冒上來，要小心。★如果放冰的鮮奶油，焦糖會因溫差過大而噴濺，因此一定要放約40℃的溫鮮奶油。

12

加入奶油均勻攪拌融化後，再放入烤過的堅果。

13

把⑫擺到⑦的上面。

14

趁焦糖凝固前，用筷子快速把堅果均勻鋪平。

Tip

簡單製作堅果塔

如果覺得製作焦糖很麻煩，不妨試試用砂糖和蜂蜜拌堅果吧！
堅果事先不用烤過，把堅果和 2 大匙砂糖、1 大匙蜂蜜一起倒入碗裡拌勻。
杏仁奶油倒入塔皮烘烤後（即步驟⑦），再擺上用砂糖和蜂蜜拌好的堅果。
再次放進預熱 180℃的烤箱中層多烤 8~10 分鐘，
覆蓋甜甜蜂蜜砂糖的堅果塔就完成了。

基本派皮（法式派皮）

法式派皮（Pâte Brisée）在法文中是「酥脆麵團」的意思。切小塊的冰奶油加上麵粉攪拌，做成薄塊帶有酥脆的口感。因為含糖比例少，口感清淡爽快，搭配像蘋果派一樣甜蜜的糖漬內餡，或是像法式鹹派一樣鹹香的內餡都很適合。掌握基礎派皮的作法後，就能應用在各種不同的派點心料理。

下直徑18cm 派模1個　40~45分鐘（+靜置2小時）　180℃

麵團：保鮮袋_冷凍15天／烘烤後：密封保存_室溫2天

| 材料

☐ 低筋麵粉 200g
☐ 砂糖 1 大匙
☐ 鹽 1 小匙
☐ 冰奶油 150g
☐ 冷水 75ml（天氣熱時用冰水）

| 所需工具

碗　刮勺　篩網　刮板　桿麵棍　派模

| 事前準備

1. 把冰奶油切成 1cm 大小。
2. 低筋麵粉過篩。

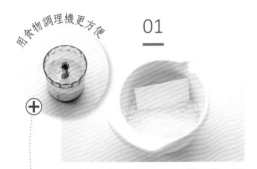

用食物調理機更方便

01

製作派麵團 把過篩的低筋麵粉、砂糖、鹽和冰奶油放進碗裡。使用刮板由上往下以拌切的方式按壓，直到奶油變成 0.2~0.3cm 的大小。★把材料放進食物調理機攪拌更方便。

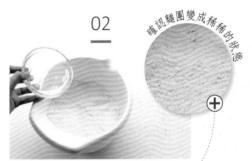

確認麵團變成稀稀的狀態

02

確認麵團變成稀稀的狀態後，均勻加入冰水，一邊轉動碗緣，一邊用刮板以拌切的方式攪拌。

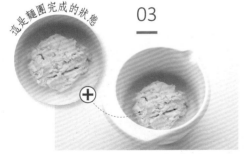

這是麵團完成的狀態

03

充分攪拌，直到看不見粉類材料。接著再用刮板把麵團推攏成一團。
★必須快速攪拌，避免奶油融化。

04

麵團裝進塑膠袋，壓平後放入冷藏靜置 1 小時（或冷凍 30 分鐘）以上。

185

05

放入派模 麵團上下鋪上塑膠袋，再用桿麵棍桿壓成厚 0.3cm、直徑 28cm 的大小。★ 過程中可以不時撒些麵粉，麵團才不會黏在塑膠袋上。

06

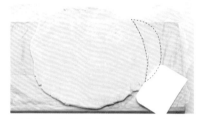

如果不太會整成圓形，也可以像圖示一樣，用刮板切掉多餘的麵團再重新黏上，整成圓形。完成後用桿麵棍壓平。★ 過程中隨時放上派烤模當基準，方便測量大小。

07

麵團的兩面都撒上些許麵粉。撕掉正面的塑膠袋，接著如圖一樣把烤模倒扣在麵團上。

08

右手扶住下面的塑膠袋，左手放到烤模上面，小心地翻面。

09

小心地把麵團放入烤模，再撕掉塑膠袋。用手指輕輕按壓內緣底部，讓麵團緊貼烤模。

10

用桿掉的麵團填補縫隙

用手指輕輕按壓烤模外緣的麵團，讓麵團平貼烤模。再用刮板刮掉多餘的麵團。★ 派麵團如果有裂開的部分或小縫隙，請用刮掉的多餘麵團填補。

11

按壓成三角形

用手指按壓麵團邊緣，按出凹洞。再如圖所示，用拇指和食指把邊緣捏成三角形。

12

連烤模一起裝進塑膠袋，冷藏靜置 1 小時（或冷凍 30 分鐘）。

★麵團要靜置一段時間，烤出來的派麵團才不會回縮。等待的時間可以用來製作內餡。 預熱烤箱

13

烤塔皮 使用叉子沿著周圍戳洞，中間也戳出一些洞來。麵團鋪上烘焙紙，倒入米或豆子（壓石）。

★必須重壓麵團，才能避免烤過的派底部膨脹。

14

放入預熱好 180℃的烤箱中層，烤 15 分鐘。拿掉裝滿米粒的烘焙紙，再多烤 15 分鐘。取出後連烤模一起放到冷卻網等待完全冷卻後脫模。

★烤的過程中記得旋轉一次方向，烤出來才會均勻漂亮。

蘋果派

蘋果派是美國聖誕節或感恩節等特別節日餐桌上一定會有的招牌點心。
烘烤時為了不讓蘋果餡的水份蒸發，會在上面覆蓋一層麵團再烘烤。利
用各種餅乾模具做出專屬自己的蘋果派裝飾吧。

下直徑18cm派模1個　1小時30分鐘~1小時40分鐘（＋靜置2小時）　180℃

密封保存_3~5℃冷藏2天

材料

☐ 下直徑 18cm
　派麵團 1 ½份
★作法請見 p184

蘋果餡
☐ 奶油 15g
☐ 蘋果 3 顆（470g）
☐ 砂糖 50g
☐ 肉桂粉¼小匙
☐ 檸檬汁 1 小匙

☐ 蘭姆酒 1 小匙
　（可省略）

蛋液
☐ 雞蛋½顆

所需工具

碗　　電動　　刮勺　　篩網
　　　攪拌器

桿麵棍　派模　　鍋子　　刮板　　餅乾模

事前準備

1. 蘋果去皮、去籽，切成 0.5cm 厚，可一口吃的大小。

01

準備派皮 請見 p184 製作 1 ½倍分量的麵團，放在冷藏靜置 1 小時以上。
★包括之後要覆蓋在蘋果餡上面的麵團，共計 1 ½份，用同一方法製作。

02

做好的麵團取⅔份放入烤模（參考 p186），套上塑膠袋放在冷藏靜置。剩下的麵團也裝進塑膠袋，壓扁後放在冷藏靜置 1 小時以上。

03

製作蘋果餡 熱鍋，放入奶油融化後，加入切好的蘋果，用中火炒 1 分鐘。倒進砂糖、肉桂粉和檸檬汁，用刮勺邊攪拌，邊熬煮 12~15 分鐘。
★持續熬煮到蘋果變軟、水分蒸發。

04

熄火，倒入蘭姆酒，用刮勺均勻攪拌。之後倒在篩網上放涼。

05

完成 ②冷藏靜置後，用叉子沿著周圍戳洞，中間也戳出一些洞來。均勻鋪滿④蘋果餡。 預熱烤箱

06

剩餘麵團上下鋪塑膠袋，用桿麵棍桿平成厚 0.2cm、直徑 24cm 的大小。
★過程中不時撒些麵粉，麵團才不會黏在塑膠袋上。

07

餅乾模稍微沾附麵粉，如圖所示，在麵團中間壓出一個個形狀。

08

把步驟⑦的麵團放到⑤的派模上，用刮板刮掉多餘的麵團。再如圖所示，用手按壓邊緣，使麵團緊貼烤模。

09

使用刀背製作葉痕

外緣抹上蛋液，如圖示，貼上愛心形狀的麵團。
★愛心狀麵團，用刀背劃出葉痕，形狀更漂亮。

10

烤 表面均勻塗上蛋液。放入預熱 180℃ 的烤箱下層，烤 40~42 分鐘。取出後連烤模一起放到冷卻網，等待完全冷卻再脫模。★烤的過程中若顏色變得太深，可於表面加蓋鋁箔紙再烤。

胡桃派

胡桃雖然外觀和味道和核桃很像，但其實吃起來比核桃更香、鹹味更重。胡桃派跟蘋果派都是美國的招牌點心，受到許多人的喜愛，有時也會佐以打發的鮮奶油或香草冰淇淋食用。

下直徑18cm派模1個　　1小時30分鐘~1小時40分鐘（+靜置1小時）　　180℃

密封保存_3~5℃冷藏3天

□ 下直徑 18cm 派烤模
★作法請見 p184

胡桃餡
□ 胡桃（或核桃）160g
□ 雞蛋 2 顆
□ 黑糖 55g
□ 糖水 90g
□ 融化奶油 40g
□ 肉桂粉 1 小匙

所需工具

碗　　刮板　　刮勺　　攪拌器　　桿麵棍　　派模

事前準備

1. 提前 1 小時從冰箱取出雞蛋，放在室溫退冰。
2. 確認黑糖是否有塊狀，有的話請打散。
3. 奶油隔水加熱（或微波加熱）。

01

準備派皮 請見 p184 製作派皮麵團，連模一起放入冷藏，靜置 1 小時以上。預熱烤箱

02

準備胡桃餡 把胡桃切成 1cm 大小。
★根據個人喜愛，可以稍微切大塊一點。墊上廚房紙巾再切，胡桃比較不會噴飛。

03

取大碗打入 1 顆蛋，用攪拌器打散。再加入黑糖、糖水、融化奶油、肉桂粉、胡桃，用攪拌器均勻攪拌。

04

烤 用叉子在①的派皮戳洞，填滿③的胡桃餡，放入預熱 180℃ 的烤箱下層，烤 40~42 分鐘。取出後連烤模一起放到冷卻網待涼後脫模。★烤的過程中記得旋轉一次方向，烤出來才會均勻漂亮。

法式鹹派

法式鹹派（Quiche）是法國洛林地區的傳統點心。
法國人喜歡把沙拉等食物放在熱騰騰的法式鹹派上，當作簡單的一餐。
讓我們活用肉類、蔬菜、香菇、起司等各種家裡有的材料，
做出專屬自己的法式鹹派吧！

下直徑18cm派模1個　　1小時40分鐘~1小時50分鐘（+靜置1小時）　　180℃

密封保存_3~5℃冷藏2天

材料

□ 下直徑 18cm 派皮 1 份
★作法請見 p184

蔬菜餡
□ 雞蛋 2 顆
□ 牛奶 80ml
□ 鮮奶油 80ml
□ 帕瑪森起司粉 30g
□ 香菜粉 ⅛ 小匙
　（可省略）

□ 洋菇 50g
□ 花椰菜 50g
□ 洋蔥 150g
□ 培根 7 條
　（長條，100g）
□ 鹽 ⅛ 小匙
□ 胡椒粉 ⅛ 小匙

所需工具

碗　　刮勺　　鍋子　　桿麵棍　　派模

事前準備

1. 提前 1 小時從冰箱取出雞蛋，放在室溫退冰。

01

用圓形花嘴壓出花邊

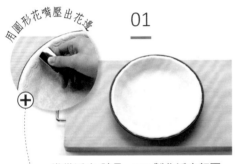

準備派皮 請見 p184 製作派皮麵團，連模一起放入冷藏靜置 1 小時以上。
★用湯匙或圓形花嘴壓出蕾絲花邊也很棒。

02

準備內餡 洋菇和洋蔥切成 0.5cm 厚，培根切成 1cm 厚。花椰菜切成一口大小，放入滾水中汆燙 30 秒，再用冷水沖涼後放到篩網上瀝乾。
預熱烤箱

03

熱鍋，放入洋菇，用中火炒 30 秒後盛起。取廚房紙巾擦拭平底鍋，放入培根用中火炒 1 分鐘後盛起，放到廚房紙巾上吸油。

04

③的平底鍋加入洋蔥、鹽、胡椒粉，用中火炒 2 分鐘後盛起，放到廚房紙巾上瀝油。
★用炒培根釋出的油脂炒洋蔥。

塔
&
派

194

05

取大碗加入雞蛋，用攪拌器打散蛋黃。加入牛奶、鮮奶油、帕瑪森起司粉、香菜粉，再用攪拌器均勻攪拌。

06

放入洋菇、培根、花椰菜、洋蔥均勻攪拌。

07

用叉子在①的底部戳洞，中間也戳出一些洞，再倒入⑥鋪滿。

08

烤 放入預熱180℃的烤箱下層，烤40~42分鐘。取出後連烤模一起放到冷卻網待涼後脫模。★烤的過程中記得旋轉一次方向，烤出來才會均勻漂亮。烤的過程中如果顏色變得太深，可於表面蓋上鋁箔紙再烤。

蛋酥皮派

蛋酥皮派也叫「塔皮」，是在蛋酥皮派中填入稀狀的卡士達醬，烤成適合一口吃的點心。卡士達醬加入香草莢能提升風味，趁熱吃，卡士達醬的口感更溫潤好吃。

下直徑 5.5×高 4.5cm 瑪芬模 6 個　1 小時 30 分鐘~1 小時 40 分鐘（＋靜置 1 小時 30 分鐘）　180℃

密封保存_3~5℃冷藏 2 天

材料

☐ 下直徑 18cm 派麵團 1 份
★作法請見 p184

雞蛋餡
☐ 牛奶 100ml
☐ 鮮奶油 90ml
☐ 砂糖 40g
☐ 蛋黃 2 顆
☐ 香草莢 ½ 根（可省略）

所需工具

碗　　刮勺　　鍋子　　桿麵棍　　瑪芬模

事前準備

1. 把香草豆莢剪開，再用小刀子刮出香草籽。
　★請見 p198 的步驟⑥。

01

準備派皮 請見 p184 製作派皮麵團，放入冷藏靜置 1 小時以上。

02

靜置好的麵團上下鋪上塑膠袋，用桿麵棍桿平成厚 0.8cm 的大小。
★過程中可以不時撒些低筋麵粉，麵團才不會黏在塑膠袋上。

03

取一只直徑 11cm 的圓碗，倒扣在麵團上，用刀子沿著碗切割。★碗口先沾附點麵粉，再壓在麵團上，可防沾黏，操作更方便。

04

麵團占格子的 80%

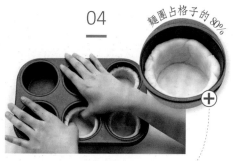

小心地把麵團放進瑪芬烤模，用手指輕壓側邊和底部，讓麵團服貼烤模。

05

用叉子在麵團的側面和底部戳洞。連模一起裝入塑膠袋，放入冷藏靜置30分鐘。 預熱烤箱

06

用刀尖取出香草籽

製作雞蛋餡 把奶油、鮮奶油、砂糖、蛋黃、香草籽放進碗裡，用攪拌器均勻攪拌。

07

取鍋倒入熱水，再擺上⑥的碗隔水加熱，一邊攪拌直到砂糖融化為止。

08

將⑦雞蛋餡（約40g）注入⑤的派皮，約裝九分滿。

09

烤 放入已預熱180℃的烤箱中層，烤30~35分鐘。取出後連烤模一起放到冷卻網待涼後脫模。★烤的過程中記得旋轉一次方向，烤出來才會均勻漂亮。

Tip

活用剩餘的麵團

基本的派皮麵團
約可做出9個蛋酥皮派。
家裡如果有多餘的瑪芬烤模
（或是一次性的瑪芬杯），
可以把派皮麵團分9份裝進烤模，
並多做1.5倍的雞蛋內餡即剛好。
如果有剩餘的麵團，
可以裝進夾鏈袋，
壓平冷凍保存15天。

南瓜派

南瓜派的口感溫和不甜膩，又能品嚐南瓜原有的天然風味，特別
受到長輩的喜愛。在歐洲及美國，南瓜派是萬聖節常吃的食物，
冰涼吃好吃，熱熱吃味道更棒。

下直徑18cm派模1個 　 1小時40分鐘~1小時50分鐘（+靜置1小時） 　 180℃

密封保存_3~5℃冷藏2天

材料

□ 下直徑 18cm 派皮 1 份
★ 作法請見 p184

南瓜餡
□ 南瓜 300g
□ 鮮奶油 120ml
□ 蛋黃 2 顆
□ 全蛋 1 顆
□ 紅糖（或黑糖）70g

所需工具

碗　　刮板　　食物　　桿麵棍　　派模
　　　　　　調理機

事前準備

1. 蛋黃和全蛋一起計量，用叉子打散蛋黃。
2. 提前 1 小時從冰箱取出鮮奶油，於室溫退冰。

01

準備派皮 請見 p184 製作派皮麵團，
入模後放冷藏靜置 1 小時以上。

02

製作南瓜餡 用湯匙刮除南瓜籽。

03

南瓜皮朝上，裝在耐熱容器中，用保
鮮膜包覆後微波（700w）4~5 分鐘。

04

放涼後切面朝下置於砧板上。用刀子
去皮後切小塊。　預熱烤箱

05

把南瓜塊和一半分量的鮮奶油
（60ml）放入食物調理機攪碎。

06

⑤的南瓜倒入碗裡，和蛋黃、全蛋、
紅糖和剩下的鮮奶油（60ml），用
攪拌器均勻攪拌。

07

用叉子在①的派皮邊緣和中間戳洞，
再倒入⑥的南瓜餡。

08

烤 放入已預熱 180℃的烤箱下層，
烤 40~42 分鐘。取出後連烤模一起
放到冷卻網待涼後脫模。
★烤的過程中記得旋轉一次方向，烤
出來才會均勻漂亮。

CAKE

烘焙新手最想學的
12 道蛋糕料理

烘焙新手最喜歡、最想親手試作的蛋糕食譜都收錄於此。大家都會買來慶賀特別節日的草莓鮮奶油蛋糕，以及人氣甜點提拉米蘇、起司蛋糕、適合買來送長輩的地瓜蛋糕等，為您介紹這 12 道必學的基本款蛋糕。

草莓鮮奶油蛋糕

草莓鮮奶油蛋糕，是傳統法式草莓蛋糕（Fraisier）改製而成的日式蛋糕。在鬆軟的海綿蛋糕上塗抹糖漿，擺上香甜水果，再抹上鮮奶油，就成了男女老少都愛吃的蛋糕了！也可用當季水果替換草莓。

材料	
海綿蛋糕	**裝飾**
☐ 雞蛋 3 顆	☐ 鮮奶油 500ml
☐ 砂糖 100g	☐ 砂糖 50g
☐ 低筋麵粉 90g	☐ 草莓約 15 顆
☐ 融化奶油 20g	☐ 碎開心果 ½ 小匙
	（可省略）
糖漿	☐ 迷迭香少許
☐ 水 50ml	（或薄荷葉，可省略）
☐ 砂糖 40g	
☐ 橙酒 ½ 小匙	
（可省略）	

所需工具

碗　　電動攪拌器　刮勺　　篩網

圓形蛋糕模　抹刀　擠花袋　圓形花嘴　轉盤

事前準備

1. 從冰箱取出雞蛋，置於室溫 1 小時。
2. 低筋麵粉過篩。
3. 烤模鋪上烘焙紙。★烘焙紙鋪法請見 p26。
4. 擠花袋裝上圓形花嘴。

01

海綿蛋糕作法 雞蛋打入碗中，碗放到裝有熱水的大盆裡。用電動攪拌器高速打發 1 分 30 秒，再將碗從盆裡取出。預熱烤箱

02

直到明顯的摺疊痕跡出現

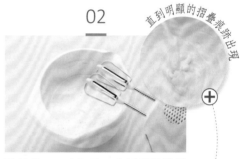

⊕

砂糖分 2~3 次加入，先以電動攪拌器高速打發 3~4 分鐘，再轉低速打發 30 秒，打出一定的氣泡量。★高速打發至攪拌器提起時，蛋糊會緩緩流下，出現明顯的摺疊痕跡。

03

加入過篩的低筋麵粉，用刮勺由下往上快速切拌。★必須快速切拌，因為拌過頭或拌太久，都會讓麵糊消泡。

04

麵糊與奶油拌勻後再倒回去

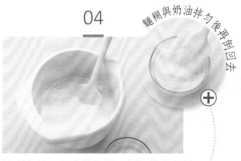

⊕

用刮勺挖一勺③的麵糊，倒入裝有奶油的碗裡，攪拌後再倒回③的麵糊中，用刮勺由下而上快速切拌。★必須攪拌均勻，直到碗底沒有殘留奶油。

烤好後脫模放涼

05

烤 ④倒入鋪好烘焙紙的烤模裡，放進預熱 180℃ 的烤箱中層烤 25~30 分鐘。烤好後倒扣在網架上，脫模放涼。★麵糊倒入烤模後，抬起輕敲桌面，震出麵糊裡的空氣，烤出來的口感更細緻。

06

糖漿作法 趁著烤蛋糕的時候，將水和砂糖倒入鍋中，以中火煮沸至中間也開始冒泡沸騰。關火，倒入碗中等完全冷卻後，加入橙酒拌勻。

07

取 8 顆草莓，各切成厚 0.5cm 的片狀，剩下的草莓留著做頂部裝飾。

08

海綿蛋糕完全放涼後，頂部用麵包刀切掉約 0.2cm 的薄片，再橫切成 3 等分。★烤出來的高度可能略有差異，請依照整體高度均分為 3 等分。海綿蛋糕切法請見 p27。

09

切好的 3 片海綿蛋糕頂部各自塗上⑥的糖漿。★塗糖漿可滋潤蛋糕，但若塗太多反而會破壞口感，而且太濕潤的蛋糕拿起時容易破裂。

10

豎成尖錐狀的鮮奶油

鮮奶油和砂糖倒入碗裡，用電動攪拌器高速打發 1 分 30 秒 ~2 分鐘。★打發至攪拌器提起時，鮮奶油會豎成尖錐狀。

11

取一片海綿蛋糕放到轉盤上，挖一勺的⑩抹上去。轉動轉盤的同時，抹刀輕壓鮮奶油，左右移動，將鮮奶油抹開。★如果沒有轉盤，可以放在平淺的盤子上。

12

取一半⑦的草莓擺到鮮奶油上，再挖½勺的鮮奶油上去，以抹刀抹平。
★草莓和蛋糕邊緣保持 1cm 的距離。

13

疊上第二片海綿蛋糕，按照⑫的作法做好鮮奶油和草莓夾層，再疊上最後一片海綿蛋糕。

14

轉盤轉向

挖兩勺鮮奶油放到海綿蛋糕頂部，以抹刀抹開。把抹刀固定在圖中的位置，輕壓鮮奶油，轉動轉盤，抹平鮮奶油。

15

整理好頂部外緣的鮮奶油

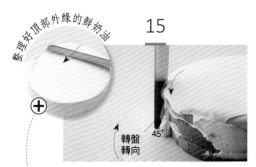

轉盤轉向

45°

如圖所示，抹刀垂直貼在蛋糕側邊，與蛋糕側面呈 45 度角，邊轉動轉盤，邊塗抹鮮奶油，再將頂部外緣的鮮奶油，由外向內輕輕抹平。★可同 p204 擺上草莓與迷迭香裝飾，或同⑯再擠上鮮奶油。

16

草莓也可切半裝飾

擠花袋事先裝好圓形花嘴，將剩餘的鮮奶油裝進裡面，垂直蛋糕頂部，擠出鮮奶油後輕輕向上提，做出圖中的圓錐狀，再擺上草莓、迷迭香、開心果做裝飾。

戚風蛋糕

因吃起來的口感如絲綢般柔滑，故命名為戚風（Chiffon：一種纖細如絲綢的布料）蛋糕。戚風蛋糕特有的鬆軟口感，是用植物性的油脂和蛋白霜做出來的，特色是使用中間有根中空管的專屬模具，以免輕柔的蛋糕體裂開。

直徑17cm 戚風蛋糕模1個　　1小時~1小時10分鐘（不含冷卻時間）　　170℃

密封保存_3~5℃冷藏2天

材料

□ 蛋黃 3 顆
□ 砂糖 A 20g
□ 水（或牛奶）65ml
□ 葡萄籽油 60ml
□ 低筋麵粉 65g
□ 泡打粉¼小匙
□ 蛋白 3 顆
□ 砂糖 B 45g

装飾
□ 鮮奶油 300ml
□ 砂糖 25g

所需工具

碗　　電動攪拌器　　刮勺　　篩網

戚風蛋糕模　　抹刀　　擠花袋　　圓形花嘴　　轉盤

事前準備

1. 分開蛋黃和蛋白，將蛋白放入冷藏。
2. 低筋麵粉和泡打粉一起過篩。
3. 擠花袋裝上圓形花嘴。

01

製作麵糊 蛋黃放進碗裡，電動攪拌器低速打 20 秒拌勻。再倒進砂糖 A，攪拌器轉成中速，打發到蛋黃糊膨脹為兩倍，顏色變成圖中的象牙色為止，約需 2 分 30 秒。 預熱烤箱

02

水和葡萄籽油先一起拌勻後，再慢慢倒入①的蛋黃糊中，用電動攪拌器中速攪拌 30~40 秒

03

倒入篩好的低筋麵粉和泡打粉，電動攪拌器低速攪拌 20 秒。
★麵粉在含有水分的蛋黃糊中容易結塊，不要過度攪拌。

04

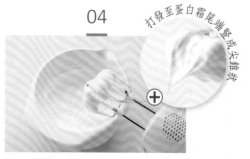

打發至蛋白霜尾端豎成尖錐狀

蛋白裝在另一個碗裡，砂糖 B 分兩次倒入，同時用電動攪拌器的中速打發 1 分 30 秒。★打發至電動攪拌器提起時，蛋白霜尾端豎成尖錐狀。

05

④的蛋白霜分三次倒進③的麵糊裡拌勻，邊轉動碗，邊用刮勺由下往上切拌麵糊。

06

中間的中空管也要噴一層水

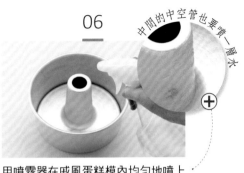

用噴霧器在戚風蛋糕模內均勻地噴上一層水。★模具先噴水，烤好的戚風蛋糕才好脫模。

07

麵糊倒進戚風蛋糕模裡，拿根筷子攪拌麵糊（如圖所示），除去麵糊裡的氣泡。

08

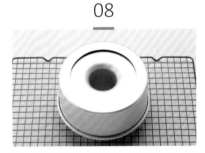

烤 放進預熱 170℃的烤箱中層，烤30~40 分鐘，烤好後取出，連同模具一起倒扣在網架上，將蛋糕完全放涼。★烤好的戚風蛋糕必須連同模具一起倒扣放涼，蛋糕才不會塌掉。

09

完全冷卻後，抹刀插進模具和蛋糕之間的縫隙，輕轉一圈脫模，底部用抹刀削平整。★抹刀插進縫隙，上下輕輕移動，小心地分開蛋糕和模具。

10

豎成尖錐狀的鮮奶油

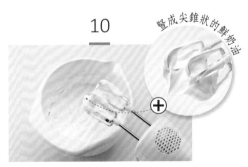

裝飾 鮮奶油和砂糖倒進碗裡，電動攪拌器轉中速，打發 1 分 30 秒 ~1 分 45 秒。★打發至電動攪拌器提起時，鮮奶油尾端豎成尖錐狀。

11

挖兩勺鮮奶油置於戚風蛋糕頂部抹開，抹刀固定在右方，輕壓鮮奶油，同時轉動轉盤，將鮮奶油抹勻。★如果沒有轉盤，可以放在平淺的盤子上。

12

如圖所示，抹刀垂直貼在蛋糕側邊，與蛋糕側面呈 45 度角，邊塗抹鮮奶油，邊轉動轉盤。再將頂部外緣的鮮奶油由外向內輕輕抹平。

13

抹平中間多出來的鮮奶油

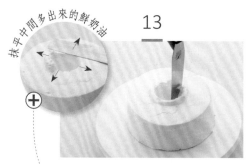

抹刀垂直插進中間的洞，轉動轉盤，抹平鮮奶油，中間多出來的鮮奶油由內向外抹平。★可同 p208 擺上馬卡龍裝飾，或同⑭再擠上鮮奶油。

14

擠花袋事先裝好圓形花嘴，填入剩餘的鮮奶油，擠花袋垂直蛋糕頂部，擠好鮮奶油後輕輕提起，使鮮奶油呈圓錐狀，最後再用湯匙背面輕輕刮除鮮奶油頂端，做成圖示模樣。

水果蛋糕捲

濕潤綿滑的蛋糕，中間裹著清爽的水果和優格醬。根據不同季節，利用水分較少的當季水果，做出各式各樣的蛋糕捲。做好的蛋糕捲適合隔天再吃，蛋糕吸收了內餡的水分，吃起來會更濕潤美味。

39×29cm長方形模1個　 30~40分鐘（不含冷卻時間）　 180℃　密封保存_3~5℃冷藏2天

材料

- □ 雞蛋 4 顆
- □ 砂糖 95g
- □ 低筋麵粉 80g
- □ 牛奶 40ml
- □ 融化奶油 15g
  （可省略）

優格醬
- □ 鮮奶油 200ml
- □ 砂糖 25g

- □ 罐裝原味優格 80g
- □ 草莓 4 顆
- □ 奇異果 ½ 顆

糖漿
- □ 水 50ml
- □ 砂糖 40g
- □ 橙酒 ½ 小匙
  （可省略）

所需工具

碗　　電動攪拌器　　刮勺

篩網　　長方形模　　抹刀

事前準備

1. 從冰箱取出雞蛋，置於室溫 1 小時。
2. 低筋麵粉過篩。
3. 長方形模鋪上烘焙紙。
4. 牛奶和奶油裝在同一個碗裡，微波加熱 30~40 秒。

01

製作麵糊 雞蛋打入碗裡，碗放進裝有熱水的大盆，用電動攪拌器高速打發 1 分 30 秒。 預熱烤箱

02

出現明顯的摺疊痕跡

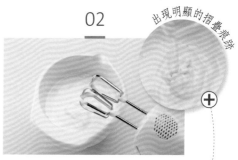

把碗拿到盆外，砂糖分 2~3 次倒入碗裡，同時用電動攪拌器高速打發 3~4 分鐘。★打發至電動攪拌器提起時，蛋糊會緩緩流下，出現明顯的摺疊痕跡。

03

讓氣泡變得更穩定

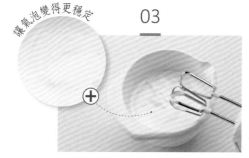

再用電動攪拌器低速打發 30 秒，讓氣泡變得更穩定。
★最後用低速打發蛋糕，讓氣泡更細緻穩定。

04

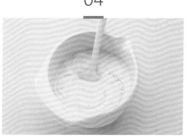

倒入篩好的低筋麵粉，用刮勺由下往上快速切拌。
★這時如果拌過頭或拌太久，都會讓麵糊消泡，務必迅速切拌。

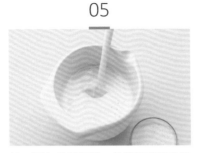

05

挖一刮勺④的麵糊,放進裝著溫牛奶和融化奶油的碗裡攪拌均勻,再倒回麵糊裡,用刮勺由下向上快速切拌。★必須攪拌均勻,碗底不能有殘留的奶油。

06

麵糊倒進鋪好烘焙紙的長方形模裡,用刮板抹開、抹平。★麵糊鋪好後,將烤模抬高10cm,往桌面輕敲幾下,敲出麵糊裡的空氣,烤出來的蛋糕會更細緻。

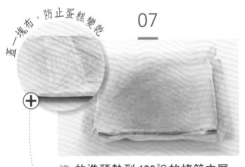

蓋一塊布,防止蛋糕變乾

07

烤 放進預熱到180℃的烤箱中層,烤10~12分鐘,烤好後脫模,擺在網架上放涼。★蛋糕冷卻後,請在蛋糕上蓋一塊塑膠布或濕棉布。

08

糖漿作法 烤蛋糕的時候,將糖漿材料的水和砂糖倒入鍋中,用中火加熱至中間也開始沸騰冒泡,關火,倒入碗中等完全冷卻,加橙酒攪拌一下。

09

完成 草莓和奇異果切成0.5cm大小的丁狀。

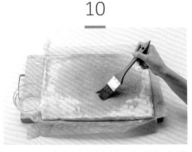

10

撕掉蛋糕底部的烘焙紙,在蛋糕上塗一層糖漿。★塗糖漿可滋潤蛋糕,但若塗太多反而破壞口感,且太濕潤的蛋糕拿起時容易破裂。

11

鮮奶油和砂糖倒入碗裡,用電動攪拌器的高速打發 1 分 ~1 分 30 秒。倒入罐裝原味優格後,再多打發 10 秒。

12

把蛋糕放到剛才撕下的烘焙紙上,表面塗上鮮奶油。抹刀輕壓鮮奶油,左右移動抹平後,均勻撒上草莓和奇異果丁。★蛋糕捲起時會將鮮奶油往上推,所以上方必須預留 2cm。

13

如圖所示,手指輕壓蛋糕底側,折起約 1cm 的寬度。★可事先用刮板在距離底側 1.5cm 處輕壓出一道線條,捲動時會更容易。

14

用捲壽司的方式捲好蛋糕,再用烘焙紙包起來,放進冰箱冷藏 30 分鐘以上,讓蛋糕定型。★捲蛋糕的速度盡量加快,以免破掉或出現裂痕。

卡斯提拉

卡斯提拉（Castella）的特色就是美麗的紋路和綿柔的口感。這個名字源自於葡萄牙語裡的西班牙卡斯提亞。葡萄牙商人到日本長崎貿易的同時，也將卡斯提拉這種傳統點心帶進了長崎，後來經過日本人模仿改製後，就成了今日我們吃的長崎蛋糕（蜂蜜蛋糕）。

20×20cm方形模1個 50~60分鐘 180℃ 密封保存_室溫3天

材料

- ☐ 蛋黃 4 顆
- ☐ 砂糖 A 65g
- ☐ 鹽 ¼ 小匙
- ☐ 牛奶 2 大匙
- ☐ 蜂蜜 20g
- ☐ 果糖 20g
- ☐ 食用油 4 小匙
- ☐ 味醂 2 小匙
- ☐ 高筋麵粉 120g
- ☐ 蛋白 4 顆
- ☐ 砂糖 B 65g

所需工具

碗　電動攪拌器　刮勺　篩網　方形模

事前準備

1. 分開蛋黃和蛋白，將蛋白冰入冷藏。
2. 高筋麵粉過篩。
3. 混合牛奶、蜂蜜、果糖、食用油、味醂，
   微波加熱（700W）20~30 秒。
4. 方形模鋪好烘焙紙。

01

製作麵糊 蛋黃倒進碗裡，用電動攪拌器低速攪拌 10 秒打散。再加入砂糖 A 和鹽，攪拌 20 秒。預熱烤箱

02

①的碗放進盛有熱水的大盆裡，同時用電動攪拌器中速打發 2 分 30 秒 ~3 分鐘。★如果蛋糊升溫至接近體溫（36~38℃），可以將碗移到盆外繼續打發。

03

碗移到盆外，慢慢倒入加熱混合好的溫牛奶、蜂蜜、果糖、食用油、味醂，再用電動攪拌器中速打發 30~40 秒。★加味醂是為了消除麵糊裡的蛋腥味。

04

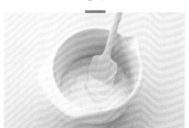

加入篩好的高筋麵粉，邊轉動碗，邊用刮勺由下而上快速切拌。

217

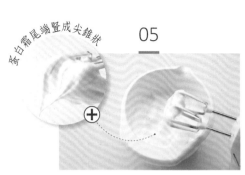

蛋白霜尾端豎成尖錐狀

05

砂糖 B 分兩次倒入裝蛋白的碗裡，同時用電動攪拌器中速打發 1 分 40 秒 ~2 分鐘。★打發至電動攪拌器提起時，蛋白尾端會豎成尖錐狀。

06

⑤的蛋白霜分三次加入④裡面拌勻，邊轉動碗，邊用刮勺由下而上快速切拌。

07

將麵糊倒進鋪好烘焙紙的方形模裡。★麵糊鋪好後，將烤模抬高 10cm，往桌面輕敲幾下，敲出麵糊裡的空氣，這樣烤出來的蛋糕會更細緻。

08

烤 放進預熱到 180℃的烤箱中層，烤 30~35 分鐘。烤好後脫模，擺在網架上放涼。★拿根竹籤戳入中心，如果不會沾黏就是烤好了。

Tip

幫冷卻中的卡斯提拉保濕

卡斯提拉烤好脫模，稍微放涼一點後，將蛋糕翻面，
撕下底部的烘焙紙，擺到網架上。
在蛋糕底部塗一層融化奶油（1 大匙），蓋上剛才撕下的烘焙紙繼續冷卻，
就能做出更濕潤的卡斯提拉了。

蛋糕

巧克力蛋糕

Gateau 在法語裡是蛋糕的意思，Chocolat 則是巧克力，
合起來就是巧克力蛋糕 Gateau Chocolat。
濕潤紮實的口感加上香濃的巧克力，是最具代表性的巧克力蛋糕。
可以依據使用的巧克力可可含量，調節苦味和甜味的比例。

直徑18cm 蛋糕模1個　 45~50分鐘（不含冷卻時間）　 170℃　 密封保存_3~5℃冷藏 3~4 天

材料

- □ 鮮奶油 120ml
- □ 奶油 70g
- □ 調溫黑巧克力 130g
- □ 蛋黃 4 顆
- □ 蛋白 4 顆
- □ 砂糖 100g
- □ 低筋麵粉 40g
- □ 可可粉 30g

裝飾（可省略）
- □ 糖粉 1 大匙

所需工具

鍋子　碗　攪拌器　電動攪拌器　刮勺　圓形蛋糕模

事前準備

1. 分開蛋黃和蛋白，將蛋白放入冷藏。
2. 將黑巧克力搗碎。
3. 低筋麵粉和可可粉一起過篩。
4. 圓形蛋糕模鋪好烘焙紙。
★烘焙紙鋪法請見 p26。

01

製作麵糊 鮮奶油和奶油放進鍋中，以小火加熱至奶油融化後關火，加入黑巧克力碎塊，用攪拌器攪拌融解。

預熱烤箱

02

把①倒進碗裡，加入蛋黃，以攪拌器快速攪拌。
★加入蛋黃後如果沒有立刻快速攪拌，蛋黃可能會被煮熟。

03

尾端豎成尖錐狀的蛋白霜

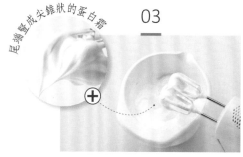

砂糖分兩次加進裝蛋白的碗裡，用電動攪拌器中速打發 1 分 40 秒。
★打發至電動攪拌器提起時，蛋白霜尾端會豎成尖錐狀。

04

③的蛋白霜挖⅓到②的碗裡，邊轉動碗，邊用刮勺由下向上快速切拌。

05

加入篩好的低筋麵粉和可可粉，邊轉動碗，邊用刮勺由下向上切拌。

06

剩餘的蛋白霜分兩次加入，邊加邊用刮勺下往上切拌。
★這時如果拌過頭或拌太久可能會讓蛋白霜消泡，務必盡速拌好。

07

將麵糊倒進鋪好烘焙紙的烤模中。

08

烤 放進預熱到 170℃ 的烤箱中層，烤 30~35 分鐘。烤好後脫模，擺到網架上放涼。待完全放涼後，在頂部撒糖粉作裝飾。

紅蘿蔔蛋糕

紅蘿蔔和蘋果一起切末，做成隱隱散發出蘋果香的紅蘿蔔蛋糕。
用帶有水分的蔬菜和水果做出來的蛋糕，特別的濕潤又有分量。
每一層蛋糕中間鋪上清爽的奶油乳酪，吃起來別具風味。

材料

- ☐ 紅蘿蔔 75g
- ☐ 蘋果 75g
- ☐ 雞蛋 3 顆
- ☐ 砂糖 150g
- ☐ 鹽 ½ 小匙
- ☐ 食用油（或芥花油）135ml
- ☐ 高筋麵粉 135g
- ☐ 泡打粉 1 小匙
- ☐ 肉桂粉 1 ½ 小匙

- ☐ 碎核桃 30g
- ☐ 蔓越莓乾 30g

奶油乳酪醬
- ☐ 軟化的奶油乳酪 200g
- ☐ 砂糖 50g
- ☐ 鮮奶油 1 大匙

所需工具

食物調理機　　碗　　電動攪拌器

刮勺　　篩網　　圓形蛋糕模　　抹刀

事前準備

1. 從冰箱取出雞蛋、奶油乳酪，置於室溫 1 小時。
2. 高筋麵粉、泡打粉、肉桂粉一起過篩。
3. 圓形蛋糕模鋪好烘焙紙。
★烘焙紙鋪法請見 p26。

01

紅蘿蔔、蘋果切碎 紅蘿蔔和蘋果放進食物調理機，攪成 0.3cm 大小的碎塊。★如果沒有食物調理機，也可以用刨絲器或刀剁成碎末。

02

製作麵糊 雞蛋打進碗裡，用電動攪拌器高速打發 40 秒 ~1 分鐘，打出小氣泡。 預熱烤箱

03

出現明顯的摺疊痕跡

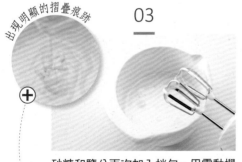

砂糖和鹽分兩次加入拌勻，用電動攪拌器高速打發 1 分 30 秒 ~2 分鐘。
★打發至電動攪拌器提起時，蛋糊會緩緩流下，出現明顯的摺疊痕跡。

04

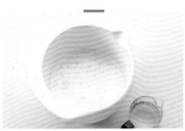

慢慢倒入食用油，同時用電動攪拌器高速打發 30~40 秒，將食用油和蛋糊完全攪拌均勻。

05

加入篩好的高筋麵粉、泡打粉、肉桂粉，邊轉動碗，邊用刮勺由下而上切拌均勻。

06

拌好的麵糊

倒入紅蘿蔔末、蘋果末、碎核桃、蔓越莓乾，用刮勺由下而上輕輕切拌。

07

烤 將麵糊倒入鋪好烘焙紙的圓形蛋糕模，鋪平後放進預熱到180℃的烤箱中層，烤42~45分鐘。烤好後脫模，擺在網架上放涼。★用竹籤戳入中心，若無麵糊沾黏就是烤好了。

08

奶油乳酪醬作法 奶油乳酪放進碗裡，用電動攪拌器低速攪拌軟化，約30秒。倒入砂糖、鮮奶油，繼續攪拌1分鐘。

09

轉盤轉向

完成 紅蘿蔔蛋糕橫切成三等份。先將底層置於轉盤上，放上一勺奶油乳酪醬，輕壓抹刀，將奶油乳酪醬抹勻，再用同樣的方法依次疊上其餘兩片蛋糕。

10

用湯匙做出造型

將剩餘的奶油乳酪醬全部倒到蛋糕頂部，用抹刀左右抹開。再用湯匙背面將蛋糕頂部的奶油乳酪醬往上刮，做出自然的波浪狀。

糯米蛋糕

像麻糬一樣 Q 彈有嚼勁，清清爽爽，不會太甜，
適合逢年過節時送給長輩享用。
堅果類和果乾可根據個人喜好，
替換成糖漬的豌豆、紅豆、花生等。

材料

☐ 蔓越莓乾 30g
☐ 核桃 30g
☐ 杏仁 30g
☐ 雞蛋 1 顆
☐ 砂糖 65g
☐ 鹽 ½ 小匙
☐ 糯米粉 300g
☐ 泡打粉 ½ 小匙
☐ 牛奶 230ml
☐ 鮮奶油 50ml

裝飾（可省略）
☐ 杏仁片 10g

所需工具

碗　　攪拌器　　刮勺　　篩網　　圓形蛋糕模

事前準備

1. 從冰箱取出雞蛋，置於室溫 1 小時。
2. 糯米粉和泡打粉一起過篩。
3. 圓形蛋糕模鋪好油紙，或塗上室溫奶油。

01

製作麵糊 蔓越莓乾、核桃、杏仁，壓碎成 1cm 的大小。★可依據個人喜歡的口感調整顆粒大小或整顆使用。預熱烤箱

02

雞蛋打進碗裡，用攪拌器打散。

03

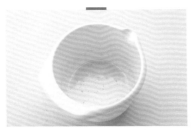

加入砂糖、鹽，用攪拌器攪打 50~60 下，打發成淡黃色的蛋糊。

04

加入篩好的糯米粉和泡打粉、牛奶、鮮奶油，用攪拌器拌勻。

05

加入蔓越莓乾、核桃、杏仁，用刮勺由下而上快速切拌。

06

烤模塗上一層室溫奶油

將麵糊倒進鋪好油紙的圓形蛋糕模裡，撒上裝飾用的杏仁片。★鋪烘焙紙蛋糕會整個黏在紙上，如果沒有油紙，請用½小匙的室溫奶油（或食用油）均勻塗在烤模裡面。

07

烤 放進預熱170℃的烤箱中層烤1小時。烤好後脫模，擺在網架上放涼。

Tip

乾磨糯米粉與濕磨糯米粉的差別

糯米粉依據作法不同，含水量也不一樣。
本書所使用的是烘焙用的乾磨糯米粉。通常在磨坊裡製作的都是濕磨糯米粉，
含水量較高，如果要用磨坊裡磨出來的濕磨糯米粉製作，
牛奶的用量要再減少 20~30ml。

地瓜蛋糕

滿滿的地瓜，讓每一口都紮實濃郁，口感綿滑。柔軟的
地瓜泥裡混入卡士達醬，吃起來又香又甜。製作地瓜蛋
糕時，建議使用含水量較少的栗子地瓜。

直徑18cm 蛋糕模1個　　1小時20分鐘~1小時30分鐘（＋定型時間1小時）　　180℃

密封保存_3~5℃冷藏2天

材料

海綿蛋糕
- □ 雞蛋 3 顆
- □ 砂糖 100g
- □ 低筋麵粉 90g
- □ 融化奶油 20g

卡士達醬
- □ 蛋黃 2 顆
- □ 砂糖 60g
- □ 玉米粉 30g
- □ 牛奶 300ml

- □ 奶油 10g

地瓜泥
- □ 栗子地瓜 600g
- □ 軟化奶油 30g
- □ 蜂蜜 45g
- □ 鮮奶油 100ml

裝飾
- □ 鮮奶油 150ml
- □ 用烤箱烤好的地瓜片少許（可省略）

所需工具

 食物調理機　 碗　攪拌器

 鍋子　 電動攪拌器　 慕斯圈　 抹刀

事前準備

1. 從冰箱取出做地瓜泥用的奶油，置於室溫1小時。
2. 做卡士達醬用的玉米粉過篩。

01

準備一個海綿蛋糕 海綿蛋糕作法請見 p205。

02

海綿蛋糕底部削掉 1cm 厚度，留著做底。剩餘的海綿蛋糕削去頂部和側面的褐色表皮。

03

把要做底的海綿蛋糕片放在平坦的板子或盤子上，側邊圍上慕斯圈。★慕斯圈可用材質較硬的塑膠板，剪取需要的長度，圍在蛋糕側邊後後接縫處黏著固定。

04

絞成一粒粒的蛋糕粉

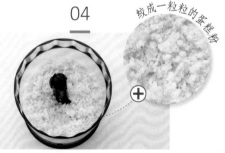

剩餘的海綿蛋糕切成 5cm 大小的蛋糕塊，放進食物調理機絞碎，做成蛋糕粉。★如果沒有食物調理機，亦可用粗篩網壓成蛋糕粉。

05

卡士達醬作法 蛋黃放進碗裡，用攪拌器輕輕攪拌後，加入砂糖，打發30~40秒，直到蛋糊變成象牙色，再倒入篩好的玉米粉，輕輕攪拌。

06

加熱至邊緣開始冒泡

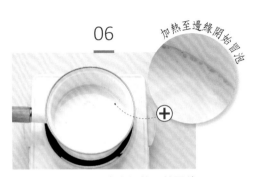

牛奶倒進鍋中，以小火加熱至外圍稍微沸騰。

07

慢慢將牛奶倒入⑤的碗裡，同時用攪拌器快速攪拌。
★如果熱牛奶一次全倒進去，蛋黃可能會被燙熟結塊，所以要一點一點慢慢倒，邊倒邊快速攪拌。

08

將⑦倒入鍋中，邊用攪拌器快速攪拌，邊用中火加熱1分30秒。
★鍋底和邊緣較容易燒焦，請用攪拌器攪拌均勻。

09

加熱至表面光滑、中間開始冒泡，就可以關火、加入奶油，並用攪拌器攪拌至奶油融化。★做好的卡士達醬如有結塊，請用篩網過濾一次。

10

把卡士達醬倒入寬扁的容器裡，蓋上保鮮膜封好，放進冰箱冷藏完全冷卻。★保鮮膜須貼緊卡士達醬表面，避免卡士達醬與空氣接觸，並快速冷卻，以免滋生細菌。

11

地瓜泥作法 地瓜放進鍋中，加水蓋過地瓜，以大火煮沸，再轉中火，蓋上鍋蓋煮 20 分鐘。★煮的時間長短須視地瓜體積調整。

12

用湯匙把地瓜壓成泥狀

剝掉地瓜皮，將地瓜放進碗裡用湯匙壓碎，再加入奶油、蜂蜜、鮮奶油，用電動攪拌器低速攪拌 30~40 秒。★地瓜須趁熱才好壓碎。

13

完成的樣子

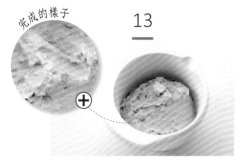

將⑩完全冷卻的卡士達醬裝進另一個碗裡，用電動攪拌器低速攪拌 30 秒打散，再把⑫的地瓜泥加進來，繼續攪拌 30 秒。

14

把⑬裝進③的慕斯圈裡，以抹刀輕壓抹平，放進冰箱冷藏 1 小時定型。

15

豎立的鮮奶油

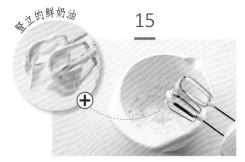

裝飾 把要做裝飾的鮮奶油倒進碗裡，用電動攪拌器高速打發 40~50 秒。★打發至電動攪拌器提起時，鮮奶油會豎立成尖錐狀。

16

用抹刀塗上薄薄一層

拿掉慕斯圈，用抹刀在蛋糕的頂部和側面塗上薄薄一層鮮奶油，再用手抓起④的蛋糕粉，輕輕按壓在蛋糕上，均勻黏在蛋糕的頂部和側面。可另外加上烤好的地瓜片裝飾。

藍莓慕斯蛋糕

用冷凍藍莓做出酸酸甜甜的慕斯蛋糕，不用烤箱，
是適合在夏天製作的蛋糕。為了維持蛋糕柔軟的口
感而將吉利丁的使用量降到最低，很適合裝在玻璃
碗之類的容器裡冷卻定型。

材料

□ 巧克力餅乾 100g
□ 軟化奶油 40g

藍莓慕斯
□ 吉利丁片 2 片
□ 冷凍藍莓 200g
□ 砂糖 45g
□ 檸檬汁 1 大匙
□ 蜂蜜 45g
□ 罐裝原味優格 80g
□ 鮮奶油 300ml

裝飾
□ 冷凍藍莓 8 粒
□ 果糖 20g
□ 新鮮藍莓適量
□ 馬卡龍 1 個（可省略）
★馬卡龍作法請見 p54。

所需工具

 碗　 刮勺　 鍋子

 電動攪拌器　 慕斯模　 慕斯圈　 抹刀

事前準備

1. 慕斯模先圍上慕斯圈。

01

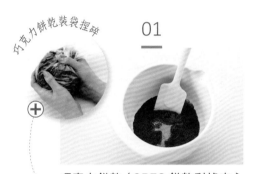

巧克力餅乾裝袋捏碎

巧克力餅乾（OREO 餅乾刮掉夾心奶油）裝進食物保鮮袋用手捏碎。捏碎後的餅乾和室溫奶油放進同一個碗裡攪拌。★餅乾裝袋後也可用桿麵棍碾碎，或放進物調理機打碎。

02

將①鋪在圍好慕斯圈的慕斯模底部，用湯匙鋪平、壓實，放進冰箱冷藏15 分鐘以上定型。

03

藍莓慕斯作法 吉利丁片泡冷水 20 分鐘泡軟。★夏天建議泡冰水。

04

冷凍藍莓、砂糖、檸檬汁放入鍋中，邊用刮勺攪拌，邊用中火加熱 6 分30 秒 ~7 分鐘，煮到變濃稠。★不時攪拌一下，避免醬汁黏在鍋底。

05

④放涼後，倒進食物調理機打碎。

06

把⑤倒入碗裡，加入罐裝原味優格，用刮勺輕輕拌勻。

07

泡好的吉利丁片用手擰乾後裝在碗裡，連碗一起放進裝有熱水的大盆裡隔水加熱，融化吉利丁片。

08

融化後的吉利丁片倒進⑥的碗裡，用刮勺快速攪拌均勻。
★冷卻的吉利丁會讓醬汁凝固，製作時請勿把碗放在冰涼處。

09

鮮奶油倒進另一個碗裡，用電動攪拌器中速打發 1 分 40 秒~1 分 50 秒。
★打發至鮮奶油稍微變濃稠，可以畫出痕跡。

10

完成的樣子

打好的鮮奶油倒進⑧的碗裡，用刮勺由下而上快速切拌。★必須快速切拌，因為當碗裡的溫度降到 25℃ 時，吉利丁就會開始慢慢凝固。

11

將⑩的藍莓慕斯倒進②的慕斯模裡，
冷藏 2~3 小時定型。

12

裝飾 冷凍藍莓裝進耐熱容器裡，蓋
上保鮮膜，微波（700W）加熱 1 分
鐘後，用篩網篩過一次，再加入果糖
攪拌均勻。★果膠塗在慕斯蛋糕上會
形成一層膜，防止蛋糕乾掉。

13

拆開慕斯模，拿掉慕斯圈，用抹刀均
勻塗抹薄薄一層⑫。
★如果要當禮物送人，建議別拿掉慕
斯圈，直接在頂部塗上⑫就好。

14

擺上新鮮藍莓和馬卡龍做裝飾。

提拉米蘇

提拉米蘇是義大利的傳統蛋糕，味道香甜可口，帶著濃郁的咖啡香，據說這個名字的由來是義大利語的「Tirare mi su」，意思是「拉我上來」或者「逗我開心」。傳統義大利提拉米蘇使用的是馬斯卡彭起司，不過本書所使用的是較容易在一般超市買到的奶油乳酪。

直徑18cm蛋糕模1個　　35~40分鐘（+定型時間3小時）　　180℃　　密封保存_3~5℃冷藏2天

材料

海綿蛋糕
- ☐ 雞蛋 3 顆
- ☐ 砂糖 100g
- ☐ 低筋麵粉 90g
- ☐ 融化奶油 20g

奶油乳酪餡
- ☐ 吉利丁片 2 片
- ☐ 軟化的奶油乳酪 220g
- ☐ 砂糖 70g
- ☐ 罐裝原味優格 80g

- ☐ 鮮奶油 130ml

咖啡糖漿
- ☐ 水 100ml
- ☐ 砂糖 50g
- ☐ 即溶咖啡粉 15g
- ☐ 蘭姆酒 2 小匙（可省略）

裝飾
- ☐ 可可粉 3~4 大匙
- ☐ 調溫黑巧克力少許（可省略）

所需工具

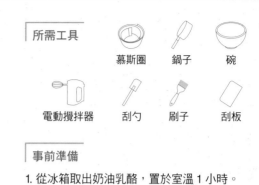

慕斯圈　鍋子　碗
電動攪拌器　刮勺　刷子　刮板

事前準備

1. 從冰箱取出奶油乳酪，置於室溫 1 小時。

01

準備一個海綿蛋糕 海綿蛋糕作法請見 p205，做好後切下 2 片，各厚 1cm。★剩餘的海綿蛋糕可冷凍保存 15 天，要用時放在室溫下解凍 1 小時，就能再拿來做其他蛋糕。

02

將其中一片厚 1cm 的海綿蛋糕，放在平坦的板子或盤子上，圍好慕斯圈。★慕斯圈可用較硬的塑膠片，剪取需要的長度圍在蛋糕側邊後，接縫處黏著固定。

03

咖啡糖漿作法 將咖啡糖漿所需的水、砂糖、即溶咖啡粉倒入鍋中，以小火加熱，直到中間也開始沸騰冒泡再關火，完全冷卻再加入蘭姆酒攪拌。

04

奶油乳酪餡作法 吉利丁片泡冷水 20 分鐘泡軟。★夏天建議泡冰水。

05

奶油乳酪放進碗裡，用電動攪拌器低速攪拌 30 秒，使其軟化後，倒入砂糖，繼續攪拌 30 秒。

06

加入罐裝原味優格，用電動攪拌器低速攪拌 15 秒。

07

泡好的吉利丁片用手擰乾，放進碗裡，再連碗一起放進裝有熱水的大盆裡，隔水加熱融化。

08

和融化吉利丁拌勻

挖一勺⑥加進融化的吉利丁裡，攪拌後再倒回裝著奶油乳酪的碗裡，用刮勻由下往上切拌。★務必攪拌均勻，直到碗底沒有殘留融化的吉利丁。

09

鮮奶油倒進另一個碗裡，用電動攪拌器中速打發 40~50 秒。
★打發至攪拌器提起時，滴落的鮮奶油可以畫出痕跡。

10

打好的鮮奶油倒進⑧的碗裡，用刮勻由下而上快速切拌。★必須快速攪拌，因為當碗裡的溫度降到 25℃，吉利丁就會開始慢慢凝固。

11

用刷子將③一半的咖啡糖漿塗在②的蛋糕上，塗到表層濕潤，再抹上一半⑩的奶油乳酪餡。★加了吉利丁的奶油乳酪餡容易凝固，必須儘快塗好咖啡糖漿、抹上奶油乳酪餡。

12

疊上另一片海綿蛋糕，塗上剩餘的咖啡糖漿。★咖啡糖漿用量可依照個人喜好調整。

13

抹上剩餘的奶油乳酪餡，用刮板將蛋糕頂部修平。

14

冷藏 2~3 小時讓蛋糕凝固後，撒上可可粉裝飾。★可參考 p236 的完成圖，用湯匙將調溫黑巧克力刮成薄片，擺在蛋糕上裝飾。

紐約起司蛋糕

滿滿的奶油乳酪、烘烤出的深色外皮，無論在紐約的哪家餐廳都是熱門甜點，所以才有「紐約起司蛋糕」的稱號。奶油乳酪雖不如其他的起司濃郁，卻和酸甜爽口的甜點很搭，也因此開始被廣泛使用。

材料

- ☐ 全麥消化餅 100g
- ☐ 融化奶油 35g
- ☐ 軟化的奶油乳酪 380g
- ☐ 軟化奶油 30g
- ☐ 罐裝原味優格 80g
- ☐ 砂糖 150g
- ☐ 雞蛋 2 顆
- ☐ 鮮奶油 150ml
- ☐ 玉米粉 3 大匙

所需工具

碗　　刮勺　　電動攪拌器　　篩網　　圓形蛋糕模

事前準備

1. 從冰箱取出奶油乳酪、奶油、雞蛋、原味優格，置於室溫 1 小時。
2. 玉米粉過篩。
3. 鮮奶油微波（700W）加熱 20~30 秒

消化餅裝袋捏碎

01

全麥消化餅裝進食物保鮮袋，用手捏碎後倒進碗裡，加入融化奶油拌勻。

★也可裝在食物保鮮袋再用桿麵棍碾碎，或放進食物調理機絞碎。

02

將①倒進鋪好烘焙紙的圓形蛋糕模底部，用湯匙鋪平、壓實，冷藏 15 分鐘以上定型。

★烘焙紙鋪法請見 p26。

03

製作麵糊 奶油乳酪和奶油放進碗裡，用電動攪拌器中速攪拌 30 秒。

預熱烤箱

04

加入罐裝原味優格，再用電動攪拌器低速攪拌 20 秒。

05

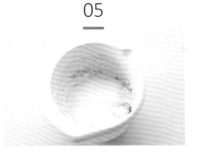

倒入砂糖，用電動攪拌器低速攪拌
20 秒。

06

打顆雞蛋，用電動攪拌器低速攪拌
15 秒後，再打一顆雞蛋，用同樣的
方式拌勻。

07

倒入熱好的鮮奶油，用電動攪拌器低
速攪拌 10 秒。

08

加入篩好的玉米粉，用電動攪拌器低
速攪拌 10 秒。

09

將⑧的麵糊倒入②的圓形蛋糕模裡。

10

烤 放進預熱 180℃的烤箱中層烤 20 分鐘，
再把溫度調降至 160℃，烤 30~40 分鐘。
烤好後關掉烤箱電源，稍微打開烤箱門，
靜置 30 分 ~1 小時放涼。★利用烤箱裡的
餘溫讓蛋糕慢慢冷卻，蛋糕才不會塌陷。

舒芙蕾起司蛋糕

舒芙蕾（Soufflé）在法語的意思是「鼓起的」。舒芙蕾起司蛋糕的特色是麵糊中拌入了蛋白霜，再用隔水烘烤的方式烤出蓬鬆濕潤的口感。膨脹後的舒芙蕾起司蛋糕必須利用烤箱內的餘溫慢慢冷卻，才不會裂開。

材料

海綿蛋糕
- □ 雞蛋 3 顆
- □ 砂糖 100g
- □ 低筋麵粉 90g
- □ 融化奶油 20g

奶油乳酪麵糊
- □ 軟化的奶油乳酪 250g
- □ 糖粉 40g
- □ 蛋黃 3 顆
- □ 罐裝原味優格 160g
- □ 牛奶 20ml
- □ 檸檬汁 1 大匙
- □ 低筋麵粉 30g
- □ 蛋白 3 顆
- □ 砂糖 45g

所需工具

碗　刮勺　電動攪拌器
篩網　圓形蛋糕模　方形模

事前準備

1. 從冰箱取出奶油乳酪、罐裝原味優格，置於室溫 1 小時。
2. 篩好低筋麵粉。
3. 分開蛋黃、蛋白，蛋白先放冰箱冷藏。

01

準備海綿蛋糕 海綿蛋糕作法請見 p205，做好後橫切一片厚 1.5cm。
★ 剩餘的海綿蛋糕可冷凍保存 15 天，要用時放在室溫下解凍 1 小時，就能再拿來做其他蛋糕。

02

將海綿蛋糕片擺在鋪好烘焙紙的圓形蛋糕模底部。★舒芙蕾起司蛋糕是隔水烘烤的，建議使用一體成型的烤模。如果烤模是活動式的，底部必須用鋁箔紙包起來。

03

製作麵糊 奶油乳酪放進碗裡，用電動攪拌器低速攪拌 30 秒，軟化後加入糖粉，繼續攪拌 15~30 秒。
`預熱烤箱`

04

加入蛋黃，用電動攪拌器低速攪拌 30 秒，再倒入罐裝原味優格，攪拌 10 秒。

05

加入牛奶和檸檬汁，用電動攪拌器低速攪拌 10 秒。

06

加入篩好的低筋麵粉，用電動攪拌器低速攪拌 10 秒。

07

豎立的蛋白霜

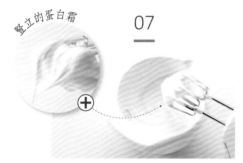

蛋白裝在另一個碗裡，用電動攪拌器高速打發 15 秒後，倒入砂糖，再打發 30 秒。★打發至電動攪拌器提起時，蛋白霜會豎成尖錐狀。

08

完成圖

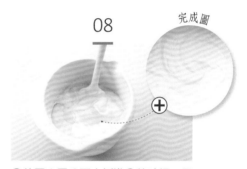

⑦的蛋白霜分兩次倒進⑥的碗裡，用刮勺由下而上快速切拌。

09

⑧的麵糊倒進②的烤模裡，另外拿一個 20×20cm 的方形烤模或較深的烤盤裝熱水，再放入裝好麵糊的蛋糕模。★隔水烘烤會讓起司蛋糕更濕潤柔滑。

10

烤 放進預熱到 160℃的烤箱中層，烤50~60 分鐘。烤好後關掉烤箱電源，稍微打開烤箱門，靜置 30 分鐘~1小時放涼。★利用烤箱裡的餘溫讓蛋糕慢慢冷卻，蛋糕才不會塌陷。

簡易多變的蛋糕裝飾

用打發的鮮奶油裝飾海綿蛋糕，運用圓形花嘴和星形花嘴，做出各種不同的裝飾吧！在鮮奶油裡加入食用色素，就能展現繽紛的顏色囉！

材料

☐ 海綿蛋糕
　（直徑 18cm1 個）
★作法請見 P205
☐ 鮮奶油 500ml
☐ 砂糖 50g
☐ 食用色素少許
　（可省略）

蛋糕裝飾

01　鮮奶油和砂糖倒進碗裡，電動攪拌器調到高速，打發 1 分 30 秒 ~2 分鐘。

02　用刮勺挖一勺鮮奶油放在海綿蛋糕的切片上。抹刀輕壓鮮奶油，左右來回，抹開鮮奶油。用同樣的方法做好其他層的海綿蛋糕。

轉盤轉向

03　挖兩勺鮮奶油，放在疊好的海綿蛋糕頂部，再用抹刀抹開。抹刀輕壓鮮奶油，固定不動，轉動轉盤，將鮮奶油修平。

轉盤轉向

04　抹刀垂直立在蛋糕側邊，與蛋糕呈 45 度角，轉動轉盤，塗好側面的鮮奶油。

05　頂部邊緣的鮮奶油，用抹刀由外向內抹平。

06　剩餘的鮮奶油可加入食用色素，調整顏色，倒進裝好花嘴的擠花袋，扭緊袋口。
★擠花袋用法請見 P27。

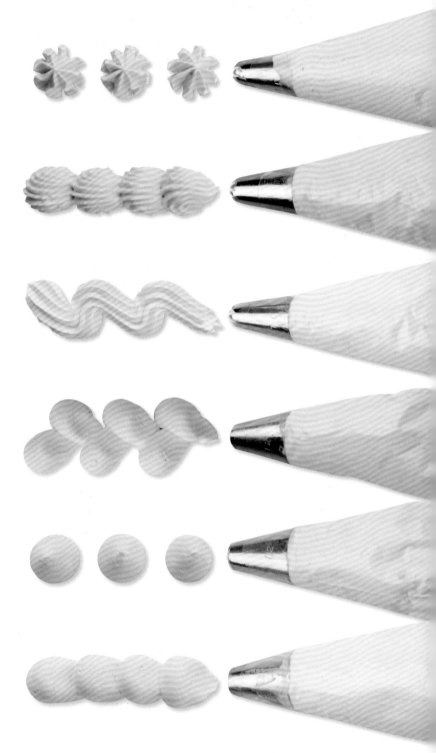

花型（星形花嘴）

擠花袋垂直向下，花嘴尖端距離蛋糕約 1cm，輕輕擠出鮮奶油，鬆開，輕輕提起擠花袋。

貝殼型（星形花嘴）

擠花袋傾斜 45 度角，花嘴尖端距離蛋糕約 1cm，輕輕擠出鮮奶油，邊收尾邊將鮮奶油往上帶，反方向下壓收尾。再以同樣的方法，在前一顆貝殼尾端擠出下一顆貝殼，讓它們首尾相連。

波浪型（星形花嘴）

擠花袋垂直向下，花嘴尖端距離蛋糕約 1cm，輕輕擠出鮮奶油，運用手腕的擺動，由左向右做出波浪狀。

愛心型（圓形花嘴）

擠花袋垂直向下，花嘴尖端距離蛋糕約 1cm，輕輕擠出鮮奶油後，邊收力邊將尾端拉長。轉 45 度角，在旁邊用同樣的方法擠出另一半。

圓錐型（圓形花嘴）

擠花袋垂直向下，花嘴尖端距離蛋糕約 1cm，輕輕擠出鮮奶油後，邊收力邊稍微向上提。

水滴型（圓形花嘴）

擠花袋傾斜 45 度角，花嘴尖端距離蛋糕約 1cm，輕輕擠壓，讓鮮奶油形成一個圓，反方向往下收尾。再用同樣的方法，在前一個水滴尾端擠出下一個。

BREAD

麵包店最夯的 12 款麵包，自己在家動手做！

如果你喜歡把麵包當成簡單的早餐、早午餐、點心，何不試著自己在家動手做？從麵包店永遠的銷售冠軍「吐司」，到年輕主婦愛吃的拖鞋麵包、佛卡夏麵包，以及長輩們喜歡的菠蘿麵包、紅豆麵包，全都在本單元裡。

手工揉麵團
揉麵團時間會依個人力氣大小而不同，力氣比較小的人，建議將揉麵團時間延長 5~10 分鐘。

麵包機揉麵團
如果到第一次發酵為止的步驟都能用麵包機處理，製作起來會很方便。
★麵包機做麵團請見 p29。

⚠ 發酵前請再次確認
若麵團發酵不足，不僅做出來的麵包會縮水，口感也會受影響，所以當冬天天氣較冷，或室溫低於 27℃時，須將第一次發酵的時間延長 10~20 分鐘，第二次發酵也要等麵團膨脹至理想體積的 70~80% 才算完成。

菠蘿麵包

甜甜的麵團鋪上酥脆的表皮，烤出來就成了菠蘿麵包。
菠蘿（そぼろ）在日語的意思是「魚鬆」，菠蘿麵包因
表面的菠蘿皮長得像魚鬆，才有了菠蘿麵包這個名字。

直徑8cm 8個 ⏱ 3小時~3小時15分鐘（含發酵時間） 🔲 200℃ 🔳 密封保存_室溫2天

材料

- ☐ 高筋麵粉 200g
- ☐ 低筋麵粉 50g
- ☐ 砂糖 30g
- ☐ 鹽 1 小匙
- ☐ 速發乾酵母 1 小匙
- ☐ 水 40ml
- ☐ 牛奶 50ml
- ☐ 雞蛋 1 顆
- ☐ 軟化奶油 30g

菠蘿皮
- ☐ 軟化奶油 40g
- ☐ 花生醬 25g
- ☐ 砂糖 60g
- ☐ 牛奶 2 小匙
- ☐ 低筋麵粉 100g
- ☐ 蘇打粉 ¼ 小匙

蛋液
- ☐ 蛋黃 1 顆
- ☐ 牛奶 2 大匙

所需工具

碗　攪拌器　切麵刀　電動攪拌器　棉布　烤盤

事前準備

1. 取出冷藏的雞蛋和奶油，置於室溫 1 小時。
2. 麵團用的高筋麵粉和低筋麵粉一起過篩；
   菠蘿皮用的低筋麵粉和蘇打粉一起過篩。
3. 水和牛奶拌勻後隔水加熱（或微波加熱）至
   溫熱後，放入雞蛋打散。

01

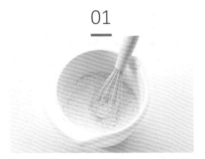

麵團作法 篩好的高筋麵粉和低筋麵粉、砂糖、鹽、速發乾酵母放進大碗裡，用攪拌器攪拌均勻。

02

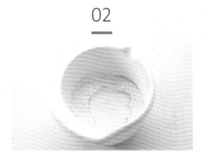

中間挖個洞，倒入溫熱（35~43℃）的水＋牛奶＋雞蛋。
★注意，液體材料的溫度一旦超過60℃就會殺死酵母。

03

用刮勺將②攪拌成團，再用洗衣服的手勢用力揉麵 2 分~2 分 30 秒。★剛開始麵團會很黏手，揉久就不會了。

04

將麵團放到砧板或工作檯上，雙手抓住麵團，手掌下壓推開麵團、對摺、再推開，持續這個動作 10~15 分鐘。

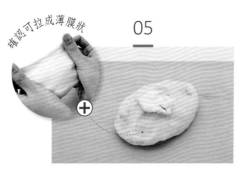

確認可拉成薄膜狀

05

奶油放入麵團中，包起來繼續揉 5 分鐘。

★持續揉麵至麵團表面光滑，拉開時可以呈現薄膜狀，不會破掉。

06

雙手的掌緣輕輕轉動麵團，如圖所示，將麵團收成一個圓球後，放進碗裡。★碗內先稍微塗上一層融化奶油，麵團發酵後會比較好倒出來。

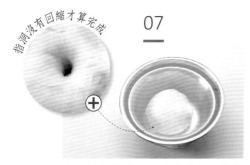

指洞沒有回縮才算完成

07

⑥的碗放進裝有熱水的盆裡，蓋上保鮮膜，置於溫暖處（28~30℃）進行第一次發酵 40~60 分鐘，直到麵團膨脹為兩倍大。★用手指戳一下麵團，指洞沒有回縮就發酵完成了。

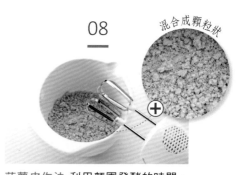

混合成顆粒狀

08

菠蘿皮作法 利用麵團發酵的時間，將製作菠蘿皮的材料全倒進碗裡，用電動攪拌器低速攪拌 20~30 秒。

★若攪拌過度結成一團，只要再用手捏碎即可。

09

⑦的麵團放到撒好防黏粉的砧板或工作檯上，以手掌按壓擠出空氣，再用切麵刀切成 8 等分，各約 55g。

★麵團大小可能因製作方式略有差異，可先秤好總重量再均分為 8 等分。

10

用手將麵團滾圓

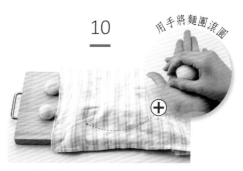

用手將麵團一一滾圓，蓋上濕棉布（或塑膠袋），置於室溫（27℃）進行中間發酵 15~20 分鐘。

11

輕壓麵團，擠出空氣，再重新滾圓，
頂部用刷子刷上蛋液。

12

將菠蘿皮（30g）放在塑膠袋上，再
放上麵團，塗有蛋液的那一面朝下。
如圖所示，用塑膠袋裹住麵團，用力
壓緊，讓菠蘿皮黏在麵團上。

13

黏好菠蘿皮的麵團放到鋪好烘焙紙
的烤盤上，用手壓成圓扁狀，蓋上
濕棉布（或塑膠袋），置於溫暖處
（28~30℃）進行第二次發酵 45~50
分鐘。預熱烤箱

14

烤 放進預熱到 200℃的烤箱中層，
烤 12~15 分鐘，烤好後擺到網架上
放涼。★烤到一半將烤盤轉個方向，
成色會更均勻。如果烤盤不夠大，可
以分兩次烤。

Tip

用小烤箱烤麵包

如果家裡的烤箱太小，無法一次烤完全部的麵包，
可以在中間發酵後（步驟⑩的滾圓之後）將一半的麵團蓋上塑膠袋，
冷藏低溫發酵，烘烤前 40 分鐘再從冰箱取出，塗上蛋液，黏好菠蘿皮，
進行第二次發酵 30~35 分鐘後，放進預熱到 200℃的烤箱烘烤 12~15 分鐘。

紅豆麵包

柔軟的麵團加上甜甜的紅豆餡，做出的紅豆麵包廣受長輩喜愛。
烏豆沙可替換為白豆沙或綠豆沙，亦可依個人喜好，在豆沙中混入碎核桃。

材料

- □ 高筋麵粉 175g
- □ 低筋麵粉 75g
- □ 砂糖 40g
- □ 鹽½小匙
- □ 速發乾酵母 1 小匙
- □ 水 80ml
- □ 牛奶 20ml
- □ 雞蛋 1 顆
- □ 軟化奶油 30g

內餡

- □ 烏豆沙 400g

蛋液

- □ 蛋黃 1 顆
- □ 牛奶 2 大匙

所需工具

碗　　攪拌器　切麵刀　棉布　　烤盤

事前準備

1. 取出冷藏的奶油、雞蛋和餡料用的豆沙，置於室溫 1 小時。
2. 高筋麵粉、低筋麵粉一起過篩。
3. 水和牛奶攪拌後隔水加熱（或微波加熱）至溫熱，再放入雞蛋打散。

01

麵團作法 篩好的高筋麵粉、低筋麵粉、砂糖、鹽、速發乾酵母倒入大碗裡，用攪拌器拌勻。

02

中間挖一個洞，倒入溫熱（35~43℃）的水＋牛奶＋雞蛋。
★注意，液體材料的溫度超過 60℃就會殺死酵母。

03

用刮勺將②攪拌成團，再用洗衣服的手勢用力揉麵 2 分鐘 ~2 分 30 秒。★剛開始麵團會很黏手，揉久就不會了。

04

將麵團放到砧板或工作檯上，雙手抓住麵團，手掌下壓推開麵團、對摺、再推開，持續這個動作 10~15 分鐘。

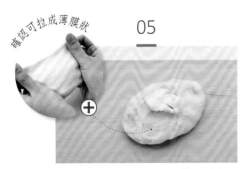

確認可拉成薄膜狀

05

奶油放入麵團中，包起來繼續揉5分鐘。

★持續揉麵至麵團表面光滑，拉開時可以呈現薄膜狀，不會破掉。

06

如圖所示，用雙手的掌緣輕輕轉動麵團，讓麵團收成一個圓球，再放進碗裡。★碗內先稍微塗上一層融化奶油，麵團發酵後會比較好倒出來。

指洞沒有回縮才算完成

07

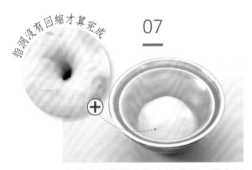

⑥的碗放進裝有熱水的盆裡，蓋上保鮮膜，置於溫暖處（28~30℃），進行第一次發酵40~60分鐘，直到麵團變成兩倍大。★用手指戳一下麵團，如果指洞沒有回縮就是發酵完成。

用手搓圓豆沙

08

準備內餡 利用麵團發酵的時間做內餡，豆沙分成8等分，各50g重，搓成圓球。

09

⑦的麵團放到撒好防黏粉的砧板或工作檯上，以手掌按壓擠出空氣，再用切麵刀切成8等分，約各55g。

★麵團大小可能因製作方式略有差異，可先秤好總重量再均分為8等分。

用手將麵團滾圓

10

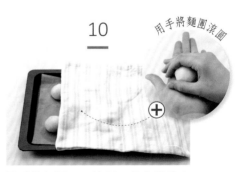

用手將麵團一一滾圓，蓋上濕棉布（或塑膠袋），置於室溫（27℃）進行中間發酵15~20分鐘。

拇指壓入中心做造型

11

將麵團壓成圓扁狀，中間放上⑧的豆沙餡，像包水餃一樣包起來，封口捏緊黏合後搓圓。★放入豆沙餡搓圓後，中間可用拇指壓到底，做出圈狀造型。

12

放到鋪好烘焙紙的烤盤上，用手掌壓成圓扁狀，蓋上濕棉布（或塑膠袋），置於溫暖處（28~30℃）進行第二次發酵 45~50 分鐘。 預熱烤箱

13

頂部刷上蛋液。
★若用牛奶取代蛋液，烤出來的麵包色澤偏黃、更有光澤。

14

烤 放進預熱到 200℃的烤箱中層，烤 12~15 分鐘，烤好後擺到網架上放涼。★烤到一半將烤盤轉個方向，成色會更均勻。如果烤盤不夠大，可分兩次烤。

摩卡麵包

法語的 Bun 意思是「加了牛奶的小圓麵包」。
摩卡麵包裡面包著鹹鹹的奶油餡，表皮卻散發甜甜的咖啡香，
鹹鹹甜甜，別具風味。

材料

□ 高筋麵粉 200g
□ 砂糖 40g
□ 鹽 1 小匙
□ 速發乾酵母 1 小匙
□ 牛奶 80ml
□ 雞蛋 1 顆
□ 軟化奶油 50g

內餡

□ 軟化奶油 100g
□ 鹽 ¼ 小匙

表皮

□ 軟化奶油 45g
□ 砂糖 30g
□ 雞蛋 ½ 顆
□ 牛奶 1 小匙
□ 低筋麵粉 45g
□ 泡打粉 ⅛ 小匙
□ 即溶咖啡細粉 3g

所需工具

碗　攪拌器　電動攪拌器　切麵刀　棉布　擠花袋　烤盤

事前準備

1. 取出冷藏的雞蛋、奶油，置於室溫 1 小時。
2. 麵團中的高筋麵粉過篩；用來做表皮的低筋麵粉和泡打粉一起過篩。
3. 麵團用的牛奶隔水加熱（或微波加熱）至溫熱，再放入雞蛋打散。

01

麵團作法 篩好的高筋麵粉和砂糖、鹽、速發乾酵母倒進大碗裡，用攪拌器拌勻。

02

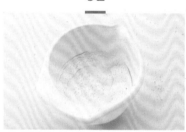

中間挖一個洞，倒入溫熱（35~43℃）的牛奶＋雞蛋。
★注意，液體材料的溫度超過 60℃就會殺死酵母。

03

用刮勺將②攪拌成團，再用洗衣服的手勢用力揉麵 2 分鐘 ~2 分 30 秒。
★剛開始麵團會很黏手，揉久就不會了。

04

將麵團放到砧板或工作檯上，雙手抓住麵團，手掌下壓推開麵團、對摺、再推開，持續這個動作 10~15 分鐘。

確認可拉成薄膜狀

05

奶油放入麵團中，包起來繼續揉 5 分鐘。★持續揉麵至麵團表面光滑，拉開時可以呈現薄膜狀，不會破掉。

06

如圖所示，用雙手的掌緣輕輕轉動麵團，讓麵團收成一個圓球，再放進碗裡。★碗內先稍微塗上一層融化奶油，麵團發酵後會比較好倒出來。

指洞沒有回縮才算完成

07

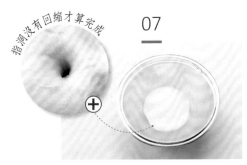

⑥的碗放進裝有熱水的盆裡，蓋上保鮮膜，置於溫暖處（28~30℃），進行第一次發酵 40~60 分鐘，直到麵團變成兩倍大。★用手指戳一下麵團，如果指洞沒有回縮就發酵完成。

08

內餡作法 利用麵團發酵的時間，將內餡用的奶油和鹽倒進碗裡，以攪拌器攪拌 30 秒軟化，再裝進擠花袋裡，擠花袋尖端剪去 1.5cm。★若使用含鹽奶油，則不須另外加鹽。

09

表皮作法 將表皮用的奶油裝進碗裡，以電動攪拌器低速攪拌 20 秒，再加入剩餘的表皮材料，攪拌 30 秒後，裝進擠花袋裡，擠花袋尖端剪去 1cm。

10

⑦的麵團放到撒好防黏粉的砧板或工作檯上，以手掌按壓擠出空氣，再用切麵刀切成 8 等分，各約 55g。★麵團大小可能因製作方式略有差異，可先秤好總重量再均分為 8 等分。

11

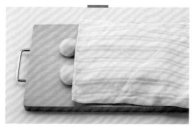

用手將麵團滾圓後，蓋上濕棉布（或塑膠袋）置於室溫（27℃），進行中間發酵 15~20 分鐘。

12

接縫處一定要捏緊

麵團壓成圓扁狀，中間擠上內餡（約12g），用包水餃的方式包起來，接縫處捏緊黏合，然後搓圓。★接縫處若沾到內餡或沒有黏好，麵團就會在烘烤時裂開。

13

放到鋪好烘焙紙的烤盤上，蓋上濕棉布（或塑膠袋），置於溫暖處（28~30℃）進行第二次發酵 45~50 分鐘。 預熱烤箱

14

烤 如圖所示，將⑨的表皮麵糊以螺旋狀擠在麵團頂部，放進預熱到200℃的烤箱中層烤 12~15 分鐘，烤好後擺到網架上放涼。★烤到一半將烤盤轉個方向，成色會更均勻。如果烤盤不夠大，可以分兩次烤。

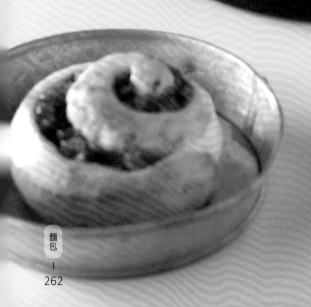

蔬菜熱狗麵包

像蝸牛一樣的螺旋狀麵包，
裡面裹著蔬菜和熱狗，拿來充當正餐也不錯。
食用前用烤箱或微波爐加熱一下，風味更佳。

直徑10cm 12個　　3小時~3小時15分鐘（含發酵時間）　　190℃　　密封保存_室溫2天

材料

□ 高筋麵粉 200g
□ 低筋麵粉 50g
□ 砂糖 25g
□ 鹽 1 小匙
□ 速發乾酵母 1 小匙
□ 水 95ml
□ 雞蛋 1 顆
□ 軟化奶油 30g

內餡
□ 洋蔥 150g
□ 熱狗 120g
□ 奶油 15g
□ 市售蕃茄義大利麵醬
　 5 大匙
□ 鹽 ⅛小匙
□ 胡椒粉 ⅛小匙

所需工具

碗　　攪拌器　桿麵棍　平底鍋　棉布　　烤盤

事前準備

1. 取出冷藏的雞蛋、奶油，置於室溫 1 小時。
2. 高筋麵粉和低筋麵粉一起過篩。
3. 水加熱（或微波）成溫水後，加入雞蛋打散。

01

麵團作法 篩好的高筋麵粉、低筋麵粉和砂糖、鹽、速發乾酵母倒入大碗裡，用攪拌器拌勻。

02

中間挖一個洞，倒入溫熱（35~43℃）的水＋雞蛋。
★注意，液體材料的溫度一旦超過60℃就會殺死酵母。

03

用刮勺將②攪拌至成團，再用洗衣服的手勢用力揉麵 2 分鐘 ~2 分 30 秒。★剛開始麵團會很黏手，揉久就不會了。

04

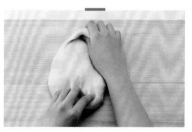

將麵團放到砧板或工作檯上，雙手抓住麵團，手掌下壓推開麵團、對摺、再推開，持續這個動作 10~15 分鐘。

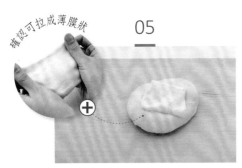

確認可拉成薄膜狀

05

奶油放入麵團中，包起來繼續揉 5
分鐘。
★持續揉麵至麵團表面光滑，拉開時
可以呈現薄膜狀，不會破掉。

06

如圖所示，雙手掌緣輕輕轉動麵團，
讓麵團收成一個圓球，再放進碗裡。
★碗內先稍微塗上一層融化奶油，麵
團發酵後會比較好倒出來。

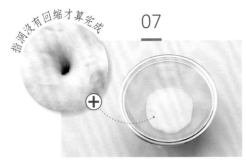

指洞沒有回縮才算完成

07

⑥的碗放進裝有熱水的盆裡，蓋上保
鮮膜，置於溫暖處（28~30℃）進行
第一次發酵 40~60 分鐘，直到麵團
變成兩倍大。★用手指戳一下麵團，
如果指洞沒有回縮就是發酵完成。

08

內餡作法 利用麵團發酵的時間，將
洋蔥和熱狗切成 0.5cm 的小丁。

09

奶油放進熱平底鍋裡融化，再加入洋
蔥、熱狗、鹽、胡椒粉，以中火拌炒
2 分鐘後，用篩網濾除水分並放涼。
★餡料炒好後須用篩網濾掉水分，才
不會把麵團泡爛。

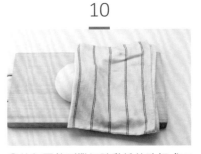

10

⑦的麵團放到撒好防黏粉的砧板或工
作檯上，以手掌按壓擠出空氣。滾圓
後蓋上濕棉布（或塑膠袋），置於室
溫（27℃），進行中間發酵 15~20
分鐘。

11

用桿麵棍桿開麵團，擠出空氣，再將麵團桿成約 40×25cm 的長方形，均勻抹上蕃茄義大利麵醬後，擺上⑨的內餡。★麵皮捲起時會將餡料往後推，所以四周須預留 1~2cm 的空間。

12

接縫處捏緊黏合

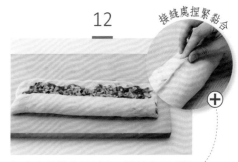

麵皮由前往後捲到底，接縫處用手捏緊黏合，防止餡料掉落。★接縫處若卡到餡料或沒黏緊，烘烤時就會裂開。

13

切的時候小心掉餡

麵捲切成 12 等分，擺到鋪好烘焙紙的烤盤上，蓋上濕棉布（或塑膠袋），置於溫暖處（28~30℃）進行第二次發酵 30~40 分鐘。★刀子先用濕棉布擦過，切的時候會更順暢。

`預熱烤箱`

14

烤 放進預熱到 190℃的烤箱中層，烤 12~15 分鐘，烤好後擺到網架上放涼。★烤到一半將烤盤轉個方向，成色會更均勻。如果烤盤不夠大，可以分兩次烤。

貝果

貝果（Bagel）據說是十六世紀的猶太人發明的，
後來猶太人移居美東，貝果就成為現在紐約人最愛吃的麵包了。
貝果的麵團先在沸水中燙過才進烤箱烘烤，口感清爽而有嚼勁。

材料

- ☐ 高筋麵粉 250g
- ☐ 全麥粉（或黑麥粉）50g
- ☐ 砂糖 30g
- ☐ 鹽 ½小匙
- ☐ 速發乾酵母 1 小匙
- ☐ 水 170ml
- ☐ 軟化奶油 10g

燙麵水
- ☐ 水 1L（5 杯）
- ☐ 砂糖 80g

所需工具

碗　攪拌器　切麵刀　鍋子　桿麵棍　烤盤

事前準備

1. 取出冷藏的奶油，置於室溫 1 小時。
2. 高筋麵粉和全麥粉一起過篩。
3. 水加熱（或微波）成溫水。

01

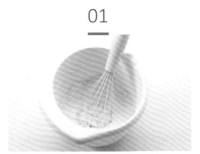

麵團作法 篩好的高筋麵粉、全麥粉和砂糖、鹽、速發乾酵母一起倒進大碗裡，用攪拌器拌勻。

02

中間挖一個洞，倒入加熱好的溫水（35~43℃）。★注意，若水溫超過60℃，酵母就會死掉。

03

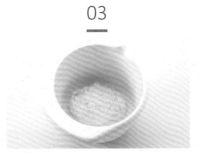

用刮勺將②攪拌至成團，再用洗衣服的手勢用力揉麵 2 分鐘 ~2 分 30 秒。★剛開始麵團會很黏手，揉久就不會了。

04

將麵團放到砧板或工作檯上，雙手抓住麵團，手掌下壓推開麵團、對摺、再推開，持續這個動作 10~15 分鐘。

確認可拉成薄膜狀

05

奶油放入麵團中，包起來繼續揉 5 分鐘。★持續揉麵至麵團表面光滑，拉開時可以呈現薄膜狀，不會破掉。

06

如圖所示，用雙手掌緣輕輕轉動麵團，讓麵團收成一個圓球，再放進碗裡。★碗內先稍微塗上一層融化奶油，麵團發酵後會比較好倒出來。

07

⑥的碗放進裝有熱水的盆裡，蓋上保鮮膜，置於溫暖處（28~30℃）進行第一次發酵 40~60 分鐘，直到麵團膨脹為兩倍大。★用手指戳一下麵團，如果指洞沒有回縮就是發酵完成。

08

⑦的麵團放到撒好防黏粉的砧板或工作檯上，以手掌按壓擠出空氣，再用切麵刀切成 5 等分，各約 90g。★麵團大小可能因製作方式略有差異，可先秤好總重量再均分為 5 等分。

09

用手滾圓後蓋上濕棉布（或塑膠袋），置於室溫（27℃）進行中間發酵 10 分鐘。

10

用桿麵棍將麵團各桿成 18~20cm 長的橢圓形，再如圖所示，捲成長條狀，接縫處捏緊黏合。
★捲起時要捲緊，別把空氣捲進來。

11

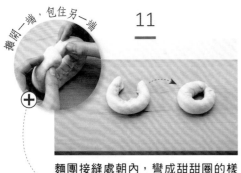

攤開一端，包住另一端

麵團接縫處朝內，彎成甜甜圈的樣子，再攤開其中一端，包住另一端，捏緊黏合。

12

放到鋪好烘焙紙的烤盤上，蓋上濕棉布（或塑膠袋），置於溫暖處（28~30℃）進行第二次發酵20分鐘。★為了維持貝果的嚼勁，第二次發酵的時間不宜過長。若希望做出口感較柔軟的貝果，可將發酵時間再延長20分鐘。 預熱烤箱

13

利用麵團發酵的時間，將燙麵水材料倒入鍋中煮沸。麵團放在鍋鏟或木杓上，放到水中先燙10秒，翻面再燙10秒。
★燙麵團時，小心別讓麵團散開。

14

放到鋪好烘焙紙的烤盤上，放進預熱至200℃的烤箱中層烤12~15分鐘後，擺到網架上放涼。★烤到一半將烤盤轉個方向，成色會更均勻。如果烤盤不夠大，可以分兩次烤。

德國結

德國結（Pretzel）最初是義大利修道士發明的點心，用來獎勵學會
祈禱的孩子們，所以德國結的拉丁語「Pretiola」就是「小獎品」的
意思。而據說德國結的特殊模樣，就是仿照祈禱時的手勢。

材料

- □ 高筋麵粉 200g
- □ 砂糖 10g
- □ 鹽 2 小匙
- □ 速發乾酵母 ½ 小匙
- □ 水 95ml
- □ 軟化奶油 15g

燙麵水（可省略）
- □ 熱水 ½ 杯（100ml）
- □ 蘇打粉 ¼ 大匙

表皮
- □ 砂糖 1 大匙
- □ 肉桂粉 1 小匙
- □ 杏仁片 30g
- □ 水少許

所需工具

碗　　攪拌器　　切麵刀　　棉布　　桿麵棍　　烤盤

事前準備

1. 冷藏的奶油置於室溫 1 小時。
2. 高筋麵粉過篩。
3. 水加熱（或微波）成溫水。
4. 表皮用的砂糖和肉桂粉拌在一起。

01

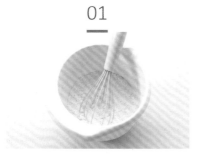

麵團作法 篩好的高筋麵粉和砂糖、鹽、速發乾酵母倒進碗裡，用攪拌器拌勻。

02

中間挖一個洞，倒入加熱好的溫水（35~43℃）。

★注意，水溫超過 60℃ 會殺死酵母。

03

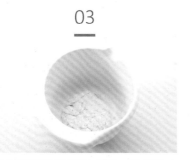

用刮勺將②攪拌至成團，再用洗衣服的手勢用力揉麵 2 分鐘 ~2 分 30 秒。★剛開始麵團會很黏手，揉久就不會了。

04

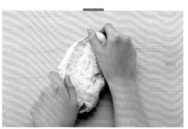

將麵團放到砧板或工作檯上，雙手抓住麵團，手掌下壓推開麵團、對摺、再推開，持續這個動作 10~15 分鐘後，包入奶油，再揉 5 分鐘。

05

如圖所示，雙手掌緣輕輕轉動麵團，讓麵團收成一個圓球，再放進碗裡。
★碗內先稍微塗上一層融化奶油，麵團發酵後較好倒出來。

06

⑤的碗放進裝有熱水的盆裡，蓋上保鮮膜，置於溫暖處（28~30℃）20分鐘，進行第一次發酵。

07

⑥的麵團放到撒好防黏粉的砧板或工作檯上，用手掌壓出空氣後，再用切麵刀切成 6 等分，各約 50g。★麵團的大小可能依製作方式略有差異，可先秤過總重量後再均分為 6 等分。

08

用手將麵團滾圓

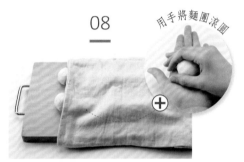

麵團用手滾圓後，蓋上濕棉布（或塑膠袋），置於室溫（27℃）進行中間發酵 15~20 分鐘。

09

用桿麵棍桿開

麵團由下往上桿開，桿成長 12cm 的橢圓形。如圖所示，捲成長條狀，接縫處捏緊黏合。★捲起時務必捲緊，別讓空氣跑進去。

用桿麵棍，將放在砧板或工作檯上的

10

用手掌將麵團搓成中間突起，越往兩端越細的細長條，每條長約 50cm。
★手掌先沾一點水會比較好搓。

11

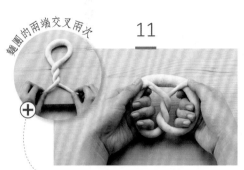

⊕

麵團兩端交叉兩次,尾端各抹一點水,黏在中間突出處的兩側,保持一段距離。

12

麵團放到鋪好烘焙紙的烤盤上。熱水混入蘇打粉後用湯匙舀出,均勻淋在麵團上。再微微傾斜烤盤,讓水集中流出。★澆過熱水的麵團會更有嚼勁,此步驟亦可省略。 預熱烤箱

13

麵團表面刷一些水助黏,均勻撒上表皮材料的砂糖和肉桂粉,再擺上杏仁片,輕壓讓杏仁片黏在麵團上。

14

烤 放進預熱至 200℃的烤箱中層烤10~12 分鐘後,擺在網架上放涼。
★烤到一半將烤盤轉個方向,成色會更均勻。如果烤盤不夠大可分兩次烤。

273

全麥麵包

用全麥粉和堅果做成的麵包，清清爽爽，越嚼越香，適合拿來當餐前麵包或做成三明治。核桃可依個人喜好替換成其他堅果或果乾。

材料

- ☐ 高筋麵粉 250g
- ☐ 低筋麵粉 50g
- ☐ 全麥粉 200g
- ☐ 鹽 ½小匙
- ☐ 速發乾酵母 2 小匙
- ☐ 水 340ml
- ☐ 蜂蜜 20g
- ☐ 軟化奶油 20g
- ☐ 碎核桃 100g

裝飾
- ☐ 全麥粉 2 大匙

所需工具

碗　攪拌器　切麵刀　棉布　烤盤

事前準備

1. 取出冷藏的奶油，置於室溫 1 小時。
2. 高筋麵粉、低筋麵粉、全麥粉一起過篩。
3. 水和蜂蜜拌在一起後，隔水加熱（或微波加熱）至溫熱。

01

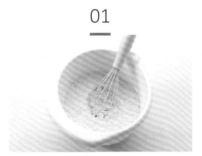

麵團作法 篩好的高筋麵粉、低筋麵粉、全麥粉和鹽、速發乾酵母一起到進大碗裡，用攪拌器攪拌均勻。

02

中間挖一個洞，倒入加熱好的溫蜂蜜水（35~43℃）
★注意，液體材料的溫度若超過 60℃會殺死酵母。

03

用刮勺將②攪拌至結成一團，再用洗衣服的手勢用力揉麵 2 分鐘 ~2 分 30 秒。★剛開始麵團會很黏手，揉久就不會了。

04

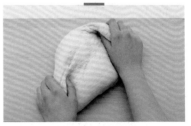

將麵團放到砧板或工作檯上，雙手抓住麵團，手掌下壓推開麵團、對摺、再推開，持續這個動作 10~15 分鐘。

05

中間放入奶油，包起來繼續揉 5 分鐘至均勻，再加入碎核桃，用同樣的方式再揉 3 分鐘。

06

如圖所示，用雙手掌緣輕輕轉動麵團，讓麵團收成一個圓球，再放進碗裡。★碗內先稍微塗上一層融化奶油，麵團發酵後會比較好倒出來。

07

⑥的碗放進裝有熱水的盆裡，蓋上保鮮膜，置於溫暖處（28~30℃）進行第一次發酵 40~60 分鐘。
★用手指戳一下麵團，若指洞沒有回縮就是發酵完成。

08

⑦的麵團放到撒好防黏粉的砧板或工作檯上，以手掌按壓擠出空氣，再用切麵刀切成 4 等分，各約 240g。
★麵團大小可能依製作方式略有差異，可先秤過總重後再均分為 4 等分。

09

麵團用手滾圓後蓋上濕棉布（或塑膠袋），置於室溫（27℃）進行中間發酵 15~20 分鐘。

10

麵團放在砧板或工作檯上，用桿麵棍桿成長 25cm 的橢圓形後，上下各向內摺⅓，如圖所示。

11

接縫處捏緊黏合

接縫處捏緊黏合,再將麵團捏成橄欖球的形狀,越往兩側越窄,兩端也分別捏緊黏合。

12

將麵團擺到鋪好烘焙紙的烤盤上,接縫處朝下,蓋上濕棉布(或塑膠袋),置於溫暖處(28~30℃)進行第二次發酵 45~50 分鐘。 預熱烤箱

13

拿一支小篩網將裝飾用的全麥粉篩在麵團上,表面再用刀劃幾道斜線。
★建議使用類似刮鬍刀片這類刀刃較薄的刀子。

14

烤 放進預熱至 200℃的烤箱中層烤 20~25 分鐘後,擺到網架上放涼。
★烤到一半將烤盤轉個方向,成色會更均勻。若烤盤不夠大,可分兩次烤。

山形吐司

吐司是家家戶戶都喜愛的麵包之一，剛烤好的時候最好吃了。
表皮酥脆，裡層鬆軟，吃起來很有嚼勁。
和孩子們一起開開心心，做條熱呼呼的吐司吧！

長22×寬10×高9cm的吐司模1個 3小時10分鐘~3小時45分鐘（含發酵時間） 180℃
 密封保存_室溫2天

材料

- ☐ 高筋麵粉 310g
- ☐ 低筋麵粉 20g
- ☐ 鹽 1 小匙
- ☐ 砂糖 2 小匙
- ☐ 速發乾酵母 1 小匙
- ☐ 水 220ml
- ☐ 軟化奶油 20g

所需工具

碗　攪拌器　切麵刀　棉布　桿麵棍　吐司模

事前準備

1. 取出冷藏的奶油，置於室溫下 1 小時。
2. 高筋麵粉和低筋麵粉一起過篩。
3. 水加熱（或微波）成溫水。

01

麵團作法 篩好的高筋麵粉和低筋麵粉、鹽、砂糖、速發乾酵母，一起倒進碗裡，用攪拌器拌勻。

02

在中間挖一個洞，倒進加熱好的溫水（35~43℃）。★注意，一旦水溫超過 60℃，酵母就會死掉。

03

以刮勺將②攪拌到成團，再用洗衣服的手勢揉麵 2 分鐘 ~2 分 30 秒。★剛開始麵團會很黏手，揉久就不會了。

04

將結成一團的麵團放到砧板或工作檯上，雙手抓住麵團，手掌下壓推開麵團、對摺、再推開，持續這個動作 10~15 分鐘。

05

將奶油放入麵團中，包起來繼續揉 5 分鐘。★持續揉麵至麵團表面光滑，拉開時可以拉成薄膜，不會破掉。

06

如圖所示，用雙手掌緣輕輕轉動麵團，讓麵團收成一個圓球，再放進碗裡。★碗內先稍微塗上一層融化奶油，麵團發酵後會比較好倒出來。

07

指洞沒有回縮才算完成

將⑥的碗放進裝有熱水的盆裡，蓋上保鮮膜，置於溫暖處（28~30℃）進行第一次發酵 40~60 分鐘，直到麵團膨脹為兩倍大。★用手指戳一下麵團，如果指洞沒有回縮就是發酵完成。

08

將⑦的麵團放到撒好防黏粉的砧板或工作檯上，以手掌按壓擠出空氣，再用切麵刀切成 3 等分。
★麵團先用磅秤秤過總重量，會較好均分為 3 等分。

09

麵團各自滾圓，蓋上濕棉布（或塑膠袋），置於室溫（27℃），進行中間發酵 15~20 分鐘。

10

用桿麵棍將麵團各桿成長 18cm 的橢圓，兩側各摺⅓進來，如圖所示。

11

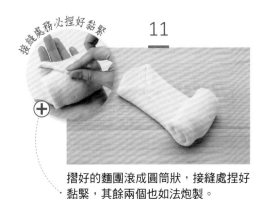

接縫處務必捏好黏緊

摺好的麵團滾成圓筒狀，接縫處捏好黏緊，其餘兩個也如法炮製。

12

麵團接縫處朝下，放進吐司模裡。

13

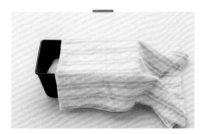

蓋上濕棉布（或塑膠袋），放在溫暖處（28~30℃）進行第二次發酵40~50分鐘，直到麵團膨脹至吐司模的八分高為止。預熱烤箱

14

烤 放進預熱到180℃的烤箱中層，烤30~35分鐘，再放到網架上冷卻。
★烤到一半將模具轉個方向，成色會更均勻。

早餐小餐包

小小的餐包剛好一口一個。塗上果醬、搭配沙拉，或做成迷你漢堡都很適合。之所以叫做早餐小餐包，是因為味道清淡爽口，適合拿來當早餐麵包。做好的早餐小餐包可當孩子們的點心，也可當郊遊野餐的餐點，吃法很廣。

直徑5cm 18個　　3小時~3小時15分鐘（含發酵時間）　　180℃　　密封保存_室溫2天

材料

- ☐ 高筋麵粉 250g
- ☐ 砂糖 20g
- ☐ 鹽½小匙
- ☐ 速發乾酵母 1 小匙
- ☐ 牛奶 170ml
- ☐ 軟化奶油 30g

蛋液（可省略）
- ☐ 蛋黃 1 顆
- ☐ 水 2 大匙

所需工具

碗　　攪拌器　　切麵刀　　棉布　　烤盤

事前準備

1. 取出冷藏的奶油，置於室溫 1 小時。
2. 高筋麵粉過篩。
3. 牛奶隔水加熱（或微波加熱）至溫熱。

01

麵團作法 篩好的高筋麵粉和砂糖、鹽、速發乾酵母倒入大碗裡，用攪拌器拌勻。

02

中間挖一個洞，倒入加熱好的溫牛奶（35~43℃）。★注意，牛奶若超過60℃會殺死酵母。

03

用刮勺將②攪拌至結成一團，再用洗衣服的手勢用力揉麵 2 分鐘 ~2 分 30 秒。★剛開始麵團會很黏手，揉久就不會了。

04

將麵團放到砧板或工作檯上，雙手抓住麵團，手掌下壓推開麵團、對摺、再推開，持續這個動作 10~15 分鐘後，中間包入奶油，再揉 5 分鐘。

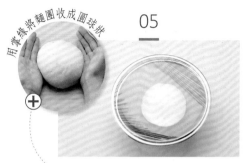

用掌緣將麵團收成圓球狀

05

滾圓後的麵團放進碗裡，再連碗一起放到裝有熱水的大盆中，用保鮮膜封起來，置於溫暖處（28~30℃）進行第一次發酵 40~60 分鐘，直到麵團膨脹為兩倍大。

06

將麵團放到撒好防黏粉的砧板或工作檯上，用手掌壓出空氣，再用切麵刀切成 18 等分，各約 25g。★麵團分成多等分後容易喪失水分，記得蓋上濕棉布（或塑膠袋）保濕。

放在手心裡輕輕搓圓

07

麵團滾圓後蓋上濕棉布（或塑膠袋），置於室溫（27℃）進行中間發酵 15~20 分鐘。

08

輕壓麵團擠出空氣後再次滾圓，放到鋪好烘焙紙的烤盤上，蓋上濕棉布（或塑膠袋），置於溫暖處（28~30℃）進行第二次發酵 35~40 分鐘。 預熱烤箱

09

表面用刷子刷上一層蛋液。
★也可用牛奶取代蛋液，烤出來的麵包表皮會稍微偏黃，更有光澤。

10

烤 放進預熱至 180℃的烤箱中層烤 12~15 分鐘後，擺到網架上放涼。
★烤到一半將烤盤轉個方向，成色會更均勻。若烤盤不夠大可分兩次烤。

佛卡夏麵包

佛卡夏（Focaccia）是典型的義大利麵包，最初是將薄薄的麵團
貼在火爐上烘烤而成，所以它的名字也源自於拉丁語的「Focus」，
意思是「火」。佛卡夏麵包上的配料可以依個人喜好，擺上洋蔥、
香草、大蒜等一起烘烤，也適合取代正餐當輕食吃。

材料

材料
- □ 中筋麵粉 250g
- □ 低筋麵粉 250g
- □ 鹽 2 小匙
- □ 速發乾酵母
　　1 ½ 小匙
- □ 水 250ml
- □ 牛奶 75ml
- □ 橄欖油 50ml

表皮
- □ 橄欖油 1 大匙
- □ 黑橄欖 6 粒
- □ 帕瑪森起司粉 2 大匙

所需工具

碗　　攪拌器　　切麵刀　　棉布　　烤盤

事前準備

1. 中筋麵粉和低筋麵粉一起過篩。
2. 水、牛奶和橄欖油拌在一起，隔水加熱（或微波加熱）至溫熱。
3. 黑橄欖切片，每片厚約 0.5 公分。

01

麵團作法 篩好的中筋麵粉、低筋麵粉和鹽、速發乾酵母一起倒入大碗裡，用攪拌器攪拌均勻。

02

中間挖個洞，倒入溫熱（35~43℃）的水＋牛奶＋橄欖油。
★注意，液體材料的溫度若超過60℃會殺死酵母。

03

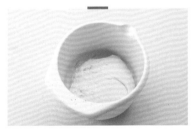

用刮勺將②攪拌至成團，再用洗衣服的手勢用力揉麵 2 分鐘 ~2 分 30 秒。★佛卡夏的麵團很軟，容易黏手，可邊揉邊在手上抹些防黏粉。

04

將麵團放到砧板或工作檯上，雙手抓住麵團，手掌下壓推開麵團，對摺，再推開，持續這個動作 10~15 分鐘。

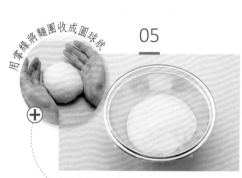

用掌緣將麵團收成圓球狀

05

麵團滾圓後放進碗裡,再連碗一起放入裝有熱水的盆裡,用保鮮膜封起來,置於溫暖處(28~30℃)進行第一次發酵40~60分鐘,直到麵團膨脹為兩倍大。

06

⑤的麵團放到撒好防黏粉的砧板或工作檯上,用手掌按壓擠出空氣,再用切麵刀切成4等分,各約200g。
★麵團大小因製作方式略有差異,可先秤好總重量再均分為4等分。

07

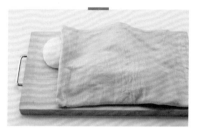

麵團用手滾圓後蓋上濕棉布(或塑膠袋),置於室溫(27℃)進行中間發酵15~20分鐘。

08

佛卡夏麵團放到鋪好烘焙紙的烤盤上,再以手掌壓成扁圓形,蓋上濕棉布(或塑膠袋),置於溫暖處(28~30℃)進行第二次發酵40~50分鐘。預熱烤箱

09

表面塗上橄欖油,用手指壓出幾個洞,洞口擺上切好的黑橄欖片,再將黑橄欖片壓進洞裡,最後再撒上帕瑪森起司粉。

10

烤 放進預熱至200℃的烤箱中層,烤15~18分鐘後,擺到網架上放涼。
★烤到一半將烤盤轉個方向,成色會更均勻。若烤盤不夠大可分兩次烤。

拖鞋麵包

拖鞋麵包（Ciabatta）的義大利語就是「拖鞋」的意思。清淡爽口，飄散著橄欖油的清香，口感也很柔軟，適合直接搭配橄欖油和巴薩米克醋食用，也可拿來做三明治或帕尼尼。

材料

- ☐ 高筋麵粉 550g
- ☐ 砂糖 20g
- ☐ 鹽 2 小匙
- ☐ 速發乾酵母 2 小匙
- ☐ 水 430ml
- ☐ 橄欖油 100ml

裝飾
- ☐ 高筋麵粉 2 大匙

所需工具

碗　　攪拌器　　切麵刀　　棉布　　烤盤

事前準備

1. 高筋麵粉過篩。
2. 水加熱成溫水。

01

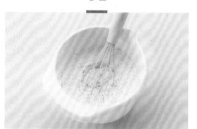

麵團作法 篩好的高筋麵粉和砂糖、鹽、速發乾酵母一起倒入大碗裡，用攪拌器拌勻。

02

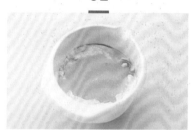

中間挖個洞，倒入加熱好的溫水（35~43℃），再倒入橄欖油。
★注意，液體材料的溫度若超過60℃會殺死酵母。

03

用刮勺將②攪拌至成團後，用洗衣服的手勢用力揉麵 2 分鐘 ~2 分 30 秒。★拖鞋麵包的麵團很軟，容易黏手，可邊揉邊在手上抹些防黏粉。

04

將麵團放到砧板或工作檯上，雙手抓住麵團，手掌下壓推開麵團、對摺、再推開，持續這個動作 10~15 分鐘。

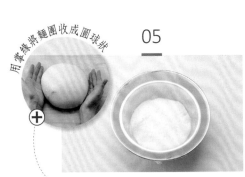

用掌緣將麵團收成圓球狀

05

麵團滾圓後放進碗裡,再連碗一起放進裝有熱水的盆裡,用保鮮膜封起來,置於溫暖處(28~30℃)進行第一次發酵 40~60 分鐘,直到麵團膨脹為兩倍大。

06

將麵團放到撒好防黏粉的砧板或工作檯上,用手掌按壓擠出空氣,再用切麵刀切成 6 等分,各約 185g。★麵團大小可能因製作方式略有差異,可先秤好總重量再均分為 6 等分。

07

放到鋪好烘焙紙的烤盤上,手掌先抹好防黏粉再輕壓麵團塑型。

08

蓋上濕棉布(或塑膠袋),置於溫暖處(28~30℃)進行第二次發酵 45~50 分鐘。★拖鞋麵包不須經過中間發酵,塑型後即可直接進行第二次發酵。 預熱烤箱

09

拿一支小篩網,將裝飾用的高筋麵粉篩在麵團上。

10

烤 放進預熱至 200℃的烤箱中層,烤 20 分鐘後,擺到網架上放涼。
★烤到一半將烤盤轉個方向,成色會更均勻。若烤盤不夠大可分兩次烤。

義大利麵包棒

義大利麵包棒（Grissini）是拿破崙愛吃的麵包，所以又稱為「拿破崙之杖」。麵包棒雖是酵母菌發酵製成的，但因水分含量低，吃起來就跟餅乾一樣酥脆。義大利人通常將這個當成主菜上桌前的餐前麵包，或喝葡萄酒時的下酒菜。

長18cm 20~21條 3小時~3小時20分鐘（含發酵時間） 180℃ 密封保存_室溫5天

材料

□ 高筋麵粉 100g
□ 低筋麵粉 25g
□ 砂糖 ⅛ 小匙
□ 鹽 ⅛ 小匙
□ 速發乾酵母 ¼ 小匙
□ 水 65ml
□ 橄欖油 20ml
□ 芝麻粒 2 大匙

表皮
□ 橄欖油 1 大匙
□ 帕瑪森起司粉 1 大匙
　（可省略）

所需工具

碗　　攪拌器　　切麵刀　　棉布　　烤盤

事前準備

1. 高筋麵粉和低筋麵粉一起過篩。
2. 水和橄欖油混合後隔水加熱（或微波加熱）至溫熱。

01

麵團作法 篩好的高筋麵粉、低筋麵粉和砂糖、鹽、速發乾酵母一起倒入大碗裡，用攪拌器攪拌均勻。

02

中間挖個洞，倒入溫熱（35~43℃）的水＋橄欖油。
★ 注意，液體材料的溫度若超過60℃會殺死酵母。

03

用刮勺將②攪拌至成團，再用洗衣服的手勢用力揉麵 1 分鐘 ~1 分 30 秒。★剛開始麵團會很黏手，揉久就不會了。

04

將麵團放到砧板或工作檯上，雙手抓住麵團，手掌下壓推開麵團、對摺、再推開，持續這個動作 10~15 分鐘後，加入芝麻粒，再揉 5 分鐘。

05

如圖所示，用雙手掌緣輕輕轉動麵團，將麵團收成一個圓球，再放進碗裡。★事先在碗內塗上一層融化奶油，麵團發酵後較好倒出來。

06

⑤的碗放進裝有熱水的盆裡，用保鮮膜封起來，置於溫暖處（28~30℃）進行第一次發酵 40~60 分鐘，直到麵團膨脹為兩倍大。

07

⑥的麵團放到撒好防黏粉的砧板或工作檯上，手掌事先抹好防黏粉再按壓麵團，擠出空氣後，用切麵刀分割成 20~21 等分，各約 10g。★麵團分成多等分後容易喪失水分，記得蓋上濕棉布保濕。

08

麵團用手捏圓

麵團用手捏圓後，蓋上濕棉布（或塑膠袋），置於室溫（27℃）進行中間發酵 15~20 分鐘。★義大利麵包棒不須經過第二次發酵，中間發酵後就能立刻整型烘烤。 預熱烤箱

09

麵團放到砧板或工作檯上，用手掌各搓成長 18 公分的長條。

10

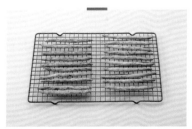

烤 放到鋪好烘焙紙的烤盤上，表面抹上橄欖油，再撒上帕瑪森起司粉，放進預熱至 180℃ 的烤箱中層，烤 18~20 分鐘後，擺到網架上放涼。

食材索引

● 國家圖書館出版品預行編目資料

不失敗！真正超基本的烘焙書/《Super Recipe》月
刊誌著. -- 初版. -- 臺北市：三采文化, 2016.04
　　面；　公分. --（好日好食；26）
ISBN 978-986-342-601-1(平裝)

1. 點心食譜

427.16　　　　　　　　　　　105003469

suncolor 三采文化集團

好日好食 **26**

不失敗！真正超基本的烘焙書

作者	《Super Recipe》月刊誌
譯者	劉嬪、徐月珠
副總編輯	郭玫禎
責任編輯	黃若珊
內頁編排	優士穎企業有限公司
封面設計	藍秀婷
發行人	張輝明
總編輯	曾雅青
發行所	三采文化股份有限公司
地址	台北市內湖區瑞光路513巷33號8樓
傳訊	TEL：8797-1234　FAX：8797-1688
網址	www.suncolor.com.tw
郵政劃撥	帳號：14319060
	戶名：三采文化股份有限公司
本版發行	2016年4月15日
定價	NT$480

진짜 기본 베이킹책 © 2014 by 월간 수퍼레시피
All rights reserved
First published in Korea in 2014 by Recipe Factory
This translation rights arranged with Recipe Factory.
Through Shinwon Agency Co., Seoul
Traditional Chinese translation rights © 2016 by Sun Color Culture Co., Ltd